单目立体视觉技术及应用

冯晓锋　著

机械工业出版社

本书系统地论述了基于平面镜配合的单目立体视觉技术，主要包括视觉图像边缘信息提取、单目立体视觉测量模型、单目立体视觉参数标定、单目立体视觉中的极线几何及校正、单幅图像的立体匹配和单目立体视觉的应用。

　　本书各章节间既相互联系，又相互独立；本书内容是个开放体系，读者在学习过程中可不断地进行二次创新，提出新的理论。

　　本书适合立体视觉、视觉测量等专业方向的师生及相关科研人员阅读。

图书在版编目（CIP）数据

单目立体视觉技术及应用 / 冯晓锋著 . —北京：机械工业出版社，2024.1
ISBN 978-7-111-74229-6

　　Ⅰ.①单…　Ⅱ.①冯…　Ⅲ.①立体视觉 – 计算机视觉 – 研究
Ⅳ.① TP302.7

中国国家版本馆 CIP 数据核字（2023）第 215720 号

机械工业出版社（北京市百万庄大街 22 号　邮政编码 100037）
策划编辑：刘本明　　　　　　责任编辑：刘本明　周海越
责任校对：高凯月　李　杉　　封面设计：张　静
责任印制：刘　媛
涿州市般润文化传播有限公司印刷
2024 年 3 月第 1 版第 1 次印刷
169mm × 239mm・12.25 印张・201 千字
标准书号：ISBN 978-7-111-74229-6
定价：69.00 元

电话服务　　　　　　　　　网络服务
客服电话：010-88361066　机 工 官 网：www.cmpbook.com
　　　　　010-88379833　机 工 官 博：weibo.com/cmp1952
　　　　　010-68326294　金 书 网：www.golden-book.com
封底无防伪标均为盗版　机工教育服务网：www.cmpedu.com

前　言

　　立体视觉检测技术因具有可靠、非接触、操作简单等优点，在交通安全监控、智能导航、工业测量、自动化控制、装备制造及虚拟现实等领域具有十分广阔的应用前景。

　　双摄像机立体视觉检测系统是目前立体视觉检测中最为典型的应用系统，但该系统在狭小空间、高温高湿以及动态环境等特殊的应用环境或场合下难以实现立体测量。为此，本书介绍了一种基于平面镜配合的单目立体视觉检测系统，对该系统的结构设计、内外参数标定、极线几何理论、立体匹配与三维重建等关键问题进行了系统的研究和实验验证。

　　本书既包括基本理论，也包括视觉测量领域的研究成果，大部分插图来自实验，使得文字说明清晰易懂，便于读者理解相关理论和内容。本书主要介绍单目立体视觉的相关理论，与传统的双目立体视觉相比，既一脉相承，又有理论创新，填补了相关领域的空白。

　　全书共分7章。第1章为概述，第2章介绍了视觉图像边缘信息提取方法，第3章介绍了单目立体视觉测量模型，第4章介绍了单目立体视觉参数的标定方法，第5章介绍了单目立体视觉中的极线几何及校正，第6章介绍了单幅图像的立体匹配，第7章介绍了单目立体视觉在三维重建、交通领域中的应用。

　　本书的出版得到了湖南警察学院学术专著出版基金、湖南警察学院道路交通安全执法关键技术科研创新团队的资助。

　　本书参考和引用的文献资料及研究成果均已在文中列出或说明，感兴趣的读者可以直接查阅。

　　单目立体视觉涉及光学、图像处理、立体视觉等多学科领域，由于作者水平有限，书中不妥之处在所难免，敬请广大读者、同行与专家批评指正。

冯晓锋

目　录

第1章 单目立体视觉概述

随着信号处理理论和计算机技术的发展，计算机视觉技术得到了快速发展。计算机视觉就是通过对单幅或多幅图像进行分析、处理、特征提取，从而使计算机具有认知三维世界的能力。这种能力将不仅使机器能感知三维空间中物体的几何形状、空间位置关系、运动状态等信息，并且能对它们进行分析、存储、处理与理解。

立体视觉作为计算机视觉的一个重要组成部分，它仿真生物视觉系统的原理，采用两（多）台摄像机从不同的空间位置，甚至不同的时刻获取同一三维物体的数字图像，通过对图像中的对应同名点进行立体匹配从而获取该三维场景的三维几何信息与深度信息并重建该场景的三维形状与位置。如图 1-1 所示，立体视觉检测系统一般由以下几个部分组成：摄像机及辅助装置组成的立体视觉传感器、光照系统、控制机构、图像采集卡以及用于图像处理的计算机。工作时，首先通过立体视觉传感器获得被测三维物体的图像，经图像采集卡传送到计算机，对待测图像进行分析、处理，进而提取出感兴趣的有关参数。整个测量系统的核心任务为图像的采集、分析、处理、测量结果的输出。其中被测三维物体图像的获取是整个测量过程的基础，精确图像的获取有利于后续测量精度的提高。

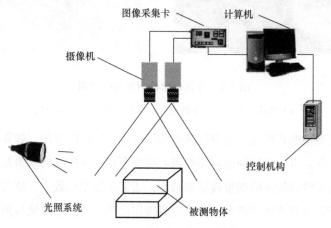

图 1-1 立体视觉检测系统的组成

　　由于立体视觉检测系统采用非接触式测量法进行测量，对于一些危险场合或采用人眼无法实现的场合，如管道内部测量、医疗内窥测量、微型飞行器测量等常采用计算机视觉来取代人工视觉；此外，在工业生产流水线上，计算机视觉测量方式远比人工方式速度快、精度高，可以有效地提高生产率和自动化程度。

　　由于立体视觉检测系统的这些优势，它在诸多领域都有广泛的应用，如交通安全监控、智能导航、工业测量、自动化控制、装备制造及虚拟现实等，如图 1-2 所示。

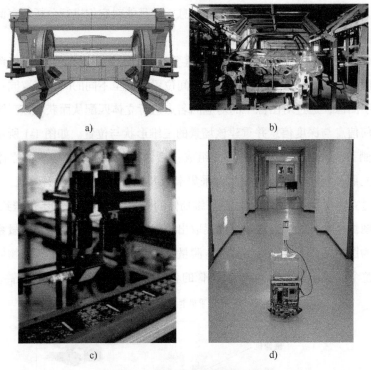

图 1-2　立体视觉检测系统的应用

a）轨道交通　b）汽车制造　c）在线测量　d）智能导航

　　立体视觉检测系统在一些空间狭小的场合也有广泛的应用，如管道内部的三维形貌测量等。由于空间限制需要检测系统小型化，而传统的双摄像机立体视觉检测系统为了得到较高的测量效果和精度，通常基线距离较大，使得整个立体视觉检测系统测量装置体积增大，导致由双摄像机组成的立体视觉检测系统无法进行测量。

立体视觉检测系统也广泛应用于动态条件下的检测，如铁路交通设备的检测。随着我国铁道技术的快速发展，为了保证行车安全，需要实时动态地进行轨道参数、接触网参数、车辆运行姿态参数等的测量。传统的立体视觉检测系统通常由两台或多台摄像机组成，而且是在动态条件下进行在线测量，因此最为关键的是两台或多台摄像机的同步精度。如果摄像机在获取图像时不同步，获取的是不同时刻的图像，那么在图像间的立体匹配过程中就会产生误差，从而影响系统检测精度，因此要求检测系统中两台摄像机曝光时间和拍摄时刻必须一致，同步时间误差至少要小于曝光时间的1/10。常用的同步控制采用多路图像采集卡，但目前的多路图像采集卡都是采用分时操作、多路视频切换的方式进行图像采集，很难做到两台摄像机完全同步；此外，为了使车辆在高速运行条件下仍能进行相关参数检测，通常需要采用成本高昂的高速摄像机，传统立体视觉检测系统需要采用两台或多台高速摄像机，有时候需要在多个位置进行测量，所需的摄像机数量就更多，这极大地增加了测量成本；在图像的处理过程中，由于要处理两幅高分辨率的图像，造成检测效率不高，特别是在车辆高速运行的条件下，甚至不能满足在线检测的要求。

为了扩展立体视觉的应用场合，提高测量的速度，在双摄像机立体视觉检测系统的基础上，许多专家学者开展了单目立体视觉检测系统的研究。这些研究主要集中于采用双平面镜和四平面镜配合的单目立体视觉传感器，这主要是因为采用上述两种方式传感器获得的单幅图像中两个像是一致的（同为实像或虚像），而且在结构参数设计准确的情况下，获取的像将各占图像的一半，非常有利于后续的立体匹配、三维重建等工作；但由于采用多块平面镜，尽管与双目立体视觉传感器相比体积有所减小，但总体来说传感器的体积还比较大，违背了该类型传感器设计时小型化的初衷。从目前搜集的文献资料来看，大多数学者的研究主要集中在单目立体视觉检测系统的结构设计上，后续的图像处理、立体匹配算法等研究方面成果较少；有部分学者从某些角度开展了基于单块平面镜配合的单目立体检测视觉系统方面的研究，如郑远杰等人提出了基于该传感器的概念，张正友等人进行了简单的点、线的三维重建工作；对单块平面镜配合的单目立体视觉检测系统缺乏系统的研究。因此本书为填补该方面的空白，将系统地开展该传感器的结构设计、内外参数的标定、单幅图像的极线几何理论、单幅图像的立体匹配以及其实际应用等工作。

1.1 单目立体视觉检测系统

针对传统立体视觉检测系统存在的问题，近年来很多学者开展了基于单摄像机的单目立体视觉检测系统的研究，取得了大量的研究成果。所谓单目立体视觉检测系统，是指与双摄像机或多摄像机立体视觉检测系统相比，采用一个摄像机和一套图像采集设备，通过摄像机本身的运动、改变摄像机的部分参数或采用光学元器件配合等方式，对空间物体从同一个空间位置或不同空间位置采集图像，对采集得到的单幅或两幅图像进行特征提取、立体匹配，获取空间点的三维坐标，实现三维描述。

按照成像方式的不同，单目立体视觉检测系统可以分为运动式单目立体视觉检测系统、变焦式单目立体视觉检测系统、采用平面镜配合的单目立体视觉检测系统、采用棱镜配合的单目立体视觉检测系统、采用曲面镜配合的单目立体视觉检测系统等。

1.1.1 运动式单目立体视觉

运动式立体视觉检测系统是通过移动摄像机，在不同的位置分别获取物体的两幅图像，从而实现立体视觉的功能。如图 1-3 所示，对于已经完成参数标定的摄像机来说，当位于位置 1 时，对三维物体进行拍摄，获得该位置的物体图像。将摄像机沿 x 轴移动，距离为该检测系统的基线长度 B。到达位置 2 时，再对三维物体进行拍摄，获得该位置的物体图像。由该立体视觉检测系统不同位置获取的两幅图像可以实现立体视觉的功能。此立体视觉检测系统具有如下特点：

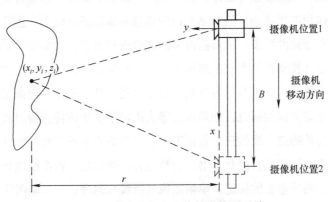

图 1-3 运动式单目立体视觉检测系统

1）采用一台摄像机来实现两台摄像机的功能，降低了检测系统成本；通过改变摄像机的移动距离，可形成不同基线距的立体视觉检测系统，灵活程度较高。

2）由于摄像机在测量过程中需要在两个不同的位置进行固定，因此测量速度有所降低，不适用于在线检测的场合；此外由于摄像机要从一个位置移向另一个位置，因此整个系统的体积并未减小；摄像机由位置1平移到位置2，相当于平行放置的两台摄像机，相对于交叉摆放的双摄像机视觉检测系统来说，有效视场和系统精度均有所减小。

1.1.2 变焦式单目立体视觉

基于变焦的方法是通过改变焦距大小对同一背景拍摄两幅或多幅清晰图像。如图1-4所示，采用一个焦距分别为f_1和f_2的变焦距物镜对空间物体分别成像，两个焦距物镜的像方主平面分别为H_1'和H_2'。物距为Z，物点距离光轴的距离为R，r_1和r_2是分别是三维物点在双焦图像中对应像素点到图像中心的距离。

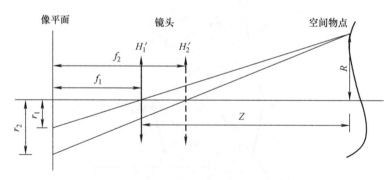

图1-4 变焦式单目立体视觉检测系统

由成像几何理论可知，镜头的焦距数值直接影响着物像之间的成像关系，保持三维空间点和成像平面不动，改变镜头的位置或其他的摄像机参数，再调整摄像机的焦距数值，使得三维物点在相同的像平面上成一组清晰但大小不同的像。焦距发生变化时，同一物体对应像的大小也会发生变化，在获取的两幅图像中搜索同一空间点的匹配点对，获取其在不同焦距下的摄像机坐标系坐标，根据图1-4的几何关系，即可计算出空间物点的三维坐标，这就是变焦式立体视觉的基本原理。

该方法测量速度较快，实时性较好，但是需要不断地变化焦距，同时中心区域深度恢复效果较差，像点位移的精度直接影响深度信息的精度。

1.1.3　采用平面镜配合的单目立体视觉

采用平面镜配合的单目立体视觉检测系统是通过平面镜与摄像机的配合，利用平面镜的光学成像原理，实现立体视觉功能的。

国内外许多研究者都是采用光学平面镜成像系统配合单摄像机来开展立体视觉检测系统测量研究的。天津大学的郏继贵等较早地开展了单目立体视觉检测系统的研究和结构设计，后来有学者陆续开展该立体视觉传感器的优化设计。它采用两套对称的平面镜和一台摄像机，通过平面镜的成像原理，得到两个从不同角度获取的物体图像，这就相当于通过平面镜镜像得到的两台虚拟摄像机对物体成像，如图 1-5 所示。由于该系统采用 4 块平面镜，使得光学成像系统的结构变得非常复杂。

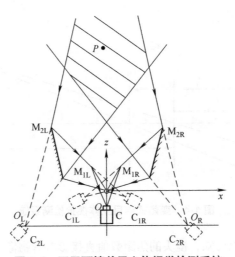

图 1-5　四平面镜单目立体视觉检测系统

4 块左右对称的光学平面镜 M_{1L}、M_{1R} 与 M_{2L}、M_{2R}，把真实摄像机 C 镜像为两台位置不同、左右对称的虚拟摄像机 C_{2L}、C_{2R}。摄像机正前方的平面镜组 M_{1L}、M_{1R} 把摄像机成像面和成像视场分为左、右两个部分，左像面只能接收三维物体在左侧视场中所成的像，右像面只能接收三维物体在右侧视场中所成的像。因此，一个空间三维物体在摄像机像面的左、右两部分别成两个像。由于这两个像是从不同的角度获得的，因此形成了一定的立体视差，根据双目立体视觉测量模型，利用三维空间点在左、右像面上的两个像点坐标即可得到该空间点的三维坐标。

Nishimoto 和 Shirai 提出采用一块玻璃平板和一个摄像机组成双目立体视觉传感器，玻璃板放置在摄像机镜头前，通过玻璃板的折射作用，摄像机可以获得目标物体的图像，旋转玻璃板至一定角度，入射光线的角度发生了变化，相当于摄像机发生了平移而拍摄的图像，如图1-6所示。由于玻璃板旋转角度较小，由此产生的光轴平移位移很小，因此这种方法获取的两幅图像视差较小，容易实现图像中对应点的匹配，但得到的空间点的三维坐标精度较低，同时精确地控制平面镜的旋转角度使控制机构变得复杂。

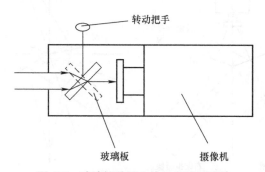

图 1-6　玻璃板单目立体视觉检测系统

Teoh 和 Zhang 在上述研究的基础上，借助 3 块平面镜的配合和一台摄像机组成了立体视觉检测系统，如图 1-7 所示。两块平面镜分别与摄像机光轴呈45°夹角对称固定于摄像机前端两侧，第三块平面镜放置在摄像机正前方，可以绕其轴线旋转，当该平面镜旋转至与其中任意一个固定的平面镜平行时，通过光线的二次反射，物体就能在摄像机内成像，这就相当于采用两个光轴平行的摄像机拍摄两幅图像。由于不能在同一时刻获取两幅图像，故这种方法只能进行静态测量，无法用于在线实时测量。

伊利诺伊大学芝加哥分校的 Goshtasby 和 Gruver 等采用两块平面镜和一台摄像机组成立体视觉检测系统，如图 1-8 所示。该系统中，在摄像机前方放置两块平面镜，两镜子呈一定夹角且向外凸出，其交线与摄像机光轴垂直相交，平面

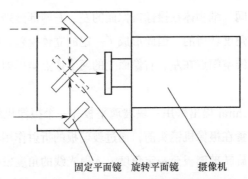

固定平面镜　　旋转平面镜　　摄像机

图 1-7　三平面镜单目立体视觉检测系统

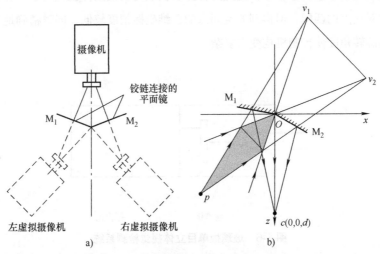

摄像机

铰链连接的
平面镜

M_1　　　　M_2

左虚拟摄像机　　　　右虚拟摄像机

a)

b)

图 1-8　双平面镜单目立体视觉检测系统

a）成像原理　b）成像分析

镜之间采用铰链连接，可绕中间轴旋转，其实物图如图 1-9 所示。像平面被平面镜分成左、右两个部分。被测物体通过平面镜 M_1 反射后成像于摄像机像平面的左侧，通过平面镜 M_2 反射后成像于摄像机像平面的右侧，也就是说该立体视觉检测系统通过一次拍摄即可采集到物体的两个具有视差的像，这就相当于平面镜镜像出的两个虚拟摄像机从不同方向对该三维物体采集图像，只是所得到的摄像机的视场比真实摄像机的视场小。由双目立体视觉测量模型，利用三维空间点在左、右像面上的两个像点坐标即可得到该空间点的三维坐标，因此该系统具有立体视觉测量的功能。

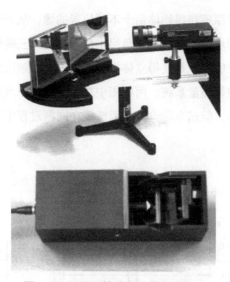

图 1-9 双平面镜单目立体视觉实物

由于采用对称的平面镜放置结构，使得测量范围较小，灵活性较差。哥伦比亚大学的 Joshua 等改进了两块平面镜的配置方式，对两块平面镜的相对位置关系、极线几何理论、参数的标定等进行了分析和讨论，并制作出了相应的立体视觉检测系统，如图 1-9 所示。杨琤等在此基础上建立了镜像式单摄像机双目立体视觉检测系统的结构模型，提出了一种结构优化设计方法，对模型进行了优化设计和精度分析。北京大学的向华英等采用两块平面镜，通过对物体成多个像的方法实现了内外参数的标定。

采用一块平面镜配合的单目立体视觉检测系统的研究成果较少，郑远杰等人提出了该检测系统的概念，利用单个摄像机和一平面镜的合体实现双目成像系统的立体视觉功能，对实现成像的条件进行了分析，但未对系统的参数进行设计，也没有对系统的精度进行分析。张正友等进行了简单的点、线的三维重建工作，只给出了结果，并未给出从建立模型到三维重建的过程。

1.1.4 采用棱镜配合的单目立体视觉

DooHyun Lee 和 InSo Kweon 最先提出了采用棱镜配合的单目立体视觉检测系统。该系统在单摄像机镜头前加一个菲涅尔双棱镜，由空间一点发出的光线，经过棱镜的两次折射后，投影到摄像机成像平面上，测量原理如图 1-10 所示。

该系统利用光的折射原理获得物体两个不同位置的像，从而实现立体视觉测量的功能。由于棱镜由两块底面相同、顶角很小且相等的薄三棱镜构成，因此这种单目立体视觉测量系统的优点是使得立体视觉测量中最难解决的特征点对匹配变得比较容易，只要调整好测量系统，两幅图中对应的两个像点将位于同一条扫描线上，提高了测量效率。但该方法也存在因棱镜在磨制过程中不均匀的误差带来的畸变问题。

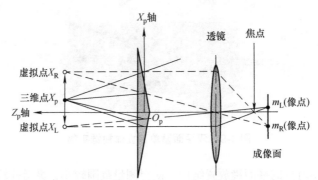

图 1-10　棱镜单目立体视觉测量原理

　　赵越等对棱镜单目立体视觉检测系统的参数进行了优化；崔笑宇等提出一种基于几何光学的棱镜参数化简方法和棱镜位置估计方法，完善了基于棱镜的单摄像机立体视觉检测系统的理论模型，提高了该系统三维重建精度；胡劲松等将该方法应用到昆虫自由飞行参数的测量上；陈大志、王颖等采用一块具有两个反射面的三棱镜和两块平面镜的光学系统形成双虚拟摄像机立体视觉检测系统，实现了蜜蜂翅膀运动参数的测量，但该测量结构过于复杂。

1.1.5　采用曲面镜配合的单目立体视觉

　　Nene 和 Nayar 提出了采用双曲面镜、椭球面镜和抛物面镜分别与单摄像机配合的 3 种立体视觉检测系统，如图 1-11 所示。图中，C 为光心，M 为三维物点，m、m' 为成像面上的像点，v、v' 为三维物点经过曲面镜后的虚拟位置点。采用非平面镜对物体进行成像的主要目的是扩大摄像机的成像视场，拓宽其成像的范围，它能获取三维场景在水平方向一周、垂直方向半周的图像。反射镜面的形状根据需要选择采用双曲面镜面、抛物面镜面或椭球面镜面等。该系统与其他系统相比可以获得更大范围的视场，成像原理比较简单，而且易于转换为人眼视觉成像。由于采用了曲面反射镜的配合，该系统获取的图像存在较大畸变，镜面光学反射系统也比较复杂，在一些精度要求不高、测量范围大的场合应用较为广泛。

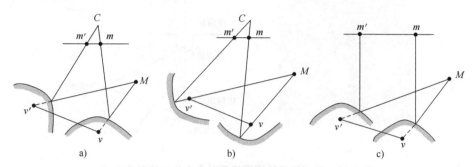

图1-11 曲面镜单目立体视觉示意图

a）双曲面镜 b）椭球面镜 c）抛物面镜

Eduardo L.L. Cabral 等提出了一种采用双叶镜和一台摄像机的全方位立体视觉检测系统，如图1-12所示。该系统在摄像机的前方放置了一块由同轴的两块曲面镜组成的双叶镜，该双叶镜的轴线与摄像机的光轴重合，双叶镜的内、外镜面将空间分成两个不同的成像视场，内视场和外视场的公共部分即为该双叶镜的有效视场。空间中有效视场内的某三维点经双叶镜反射后，在一个像面上成两个物体的图像。该系统仅采用一块双叶镜和一台摄像机，因此结构较为简单，且系统安装比较紧凑。该系统的缺点是曲面镜的磨制精度不易控制，紧凑的安装方式使得测量系统的基线距离较小，造成系统的测量精度不高。

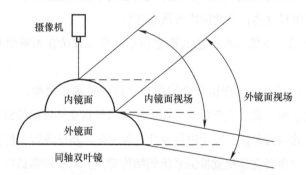

图1-12 单摄像机双叶镜折反射立体视觉结构示意图

中国科学院沈阳自动化研究所的朱枫等及 Nayar 和 V.Peri 等各自提出了一种折反射全方位立体视觉检测系统，如图1-13a和b所示。

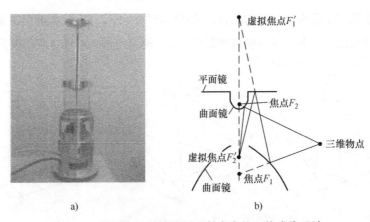

图 1-13　单摄像机双镜面折反射全方位立体成像系统

a）实物图　b）曲面镜反向放置

如图 1-13 所示，该系统由一台摄像机和两块双曲面反射镜构成。曲面镜可以同向放置，也可以反向放置。图 1-13b 中两曲面镜为反向放置，当基线距相同时，该视觉系统整体体积较小，结构较为紧凑。该类系统具有对应点对匹配简单、测量系统基线距较长等优点。

1.2　内容安排

本书共分 7 章，各章内容安排如下：

第 1 章简要描述传统双摄像机立体视觉检测系统的组成部分，详细分析采用各种方法实现单目立体视觉的国内外研究现状。

第 2 章介绍了图像边缘信息的概念和小波变换方法在边缘信息提取中的应用等。

第 3 章介绍了基于平面镜配合的单目立体视觉测量模型，详细分析了视差原理、平面镜成像原理、基于单块平面镜配合的单目立体视觉检测系统的测量原理，对传感器的结构参数、尺寸进行设计，对主要元器件进行分析和选型。

第 4 章针对单目立体视觉检测系统的结构特点，对单摄像机内参数的标定及外参数的标定方法进行了介绍。建立摄像机的线性模型，在对自标定方法研究的基础上，提出基于平面镜和正交消失点对的摄像机内参数标定方法；阐述该立体视觉检测系统中摄像机外参数的标定方法。

第 5 章对基于单幅图像的极线几何理论进行了推导。由于单幅图像中极线几何、极线约束方程、极线校正进行了介绍。

第 6 章对基于单幅图像的立体匹配算法进行了介绍。对 SIFT 算法进行拓展，开展单幅图像中基于特征点匹配的匹配方法研究。对线结构光条的提取算法进行研究，根据 RGB 色彩的差异原理提出新的算法，并对提取的结构光条进行匹配、三维重建进行了介绍。

第 7 章对平面镜配合的单目立体视觉的应用进行介绍。介绍了单目立体视觉在车辆姿态在线检测的应用。建立单目立体视觉测试方案，搭建实验平台，进行模拟实验验证，并对实验结果进行分析。

第2章　视觉图像边缘信息提取

2.1　边缘的概念

　　边缘是指周围像素灰度有阶跃变化或屋顶变化的像素的集合，是图像最基本的特征。边缘广泛存在于物体与背景之间、物体与物体之间、基元与基元之间，因此边缘是边界检测的重要基础，也是外形检测的基础。边缘是灰度值不连续的结果，这种不连续可利用求导数方便地检测到，一般常用一阶和二阶导数来检测边缘。边缘具有方向和幅度两个特征。沿边缘走向，像素值变化比较平缓；而垂直于边缘走向，像素值变化比较剧烈。常见的边缘剖面图有两种，阶跃状边缘和屋顶状边缘，如图 2-1a 和 b 所示。

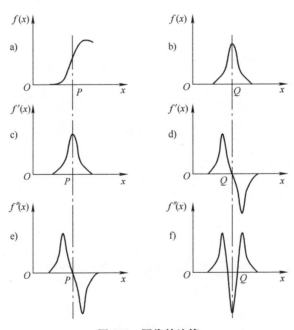

图 2-1　图像的边缘

在阶跃状边缘的边缘点 P，图像灰度在它两侧的变化规律是灰度变化曲线的一阶导数在 P 点达到极值，二阶导数在 P 点近旁呈零交叉，即其左右分别为一正一负两个峰，如图 2-1c 和 e 所示。

对于屋顶状边缘的边缘点 Q，图像灰度在它两侧的变化规律是灰度变化曲线的一阶导数在 Q 点近旁呈零交叉，二阶导数在 Q 点达到极值，如图 2-1d 和 f 所示。

需要说明的是，屋顶状边缘可以看成两个阶跃状边缘的组合，一般图像边缘检测算法都是针对阶跃状边缘提出的。

2.2　传统的边缘检测算子

常见的边缘检测算子有梯度算子、Roberts 算子、Prewitt 算子和 Sobel 算子等。经典的边缘检测方法主要是基于函数微分运算，这样根据微分方程构造不同的算子，就可实现不同的边缘检测方法。

对一个连续图像函数 $f(x,y)$，它在位置 (x,y) 的梯度可表示为一个向量：

$$\nabla f = \begin{bmatrix} G_x \\ G_y \end{bmatrix} = \begin{bmatrix} \dfrac{\partial f}{\partial x} \\ \dfrac{\partial f}{\partial y} \end{bmatrix} \tag{2-1}$$

这个向量的幅度（也常直接简称为梯度）和方向角分别为

$$\nabla f = \mathrm{mag}(\nabla f) = \sqrt{G_x^2 + G_y^2} \tag{2-2}$$

$$\alpha(x,y) = \arctan \frac{G_y}{G_x} \tag{2-3}$$

在数字图像梯度运算过程中，可用一阶差分代替一阶微分，Roberts 算子为

$$\begin{aligned} \Delta_x f(x,y) &= f(x,y) - f(x+1,y+1) \\ \Delta_y f(x,y) &= f(x+1,y) - f(x,y+1) \end{aligned} \tag{2-4}$$

Sobel 梯度算子先做加权平均，然后再差分，即

$$\Delta_x f(x,y) = [f(x+1,y+1) + 2f(x+1,y) + f(x+1,y+1)] - \\ [f(x-1,y-1) + 2f(x-1,y) + f(x+1,y+1)] \tag{2-5}$$

$$\Delta_y f(x,y) = [f(x-1,y-1) + 2f(x,y+1) + f(x+1,y+1)] - \\ f(x+1,y+1) + 2f(x,y+1) + f(x+1,y+1)] \tag{2-6}$$

在求取边缘时，对图像中的每个像素运用上面的方法计算。在实际中，经常使用对应小区域模板进行卷积来计算，两个模板构成一个梯度算子，如图 2-2、图 2-3 所示。

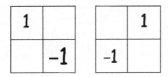

图 2-2　Roberts 模板

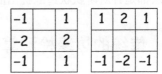

图 2-3　Sobel 模板

有了 $\Delta_x f$ 和 $\Delta_y f$ 之后，很容易计算出梯度幅值 $R(i,j)$。取适当门限 TH，做如下判断：

$R(i,j) > \text{TH}$，(i,j) 为阶跃状边缘点，$R(i,j)$ 为边缘图像。

2.3　小波变换模极大值多尺度边缘检测

2.3.1　小波变换的定义

Mallat 最早提出了基于小波变换模极大值的边缘检测基本思想，把图像处理中小波变换的应用提高到了一个新的层次。

首先定义二维平滑函数，并将其水平和垂直方向的一阶偏导数作为用于图像变换的两个基本小波，然后将两个基本小波的伸缩小波与图像的卷积分别定义为小波变换的水平和垂直分量，并根据此求出小波变换的模和辐角，把图像边缘定义为沿相角方向的小波变换模极大值，建立二维小波变换模极大值与图像边缘点之间的对应关系。

设二维平滑函数 $\theta(u,v)$ 满足

$$\theta(u,v) \geq 0, \quad \iint_{R^2} \theta(u,v) \mathrm{d}u \mathrm{d}v = 1, \quad \lim_{u,v \to \pm\infty} \theta(u,v) = 0 \tag{2-7}$$

记

$$\theta_s(u,v) = \frac{1}{s^2}\theta\left(\frac{u}{s},\frac{v}{s}\right) \tag{2-8}$$

设 $f(u,v)$ 表示一幅连续的图像，则对任意的 $f(u,v) \in L^2(R^2)$，$(f*\theta_s)(u,v)$ 表示 $f(u,v)$ 经 $\theta_s(u,v)$ 平滑后的图像，其中 $s>0$ 为平滑的尺度。

由 $\theta(u,v)$ 定义两个二维小波为

$$\psi^1(u,v) = \frac{\partial \theta(u,v)}{\partial u} \tag{2-9}$$

$$\psi^2(u,v) = \frac{\partial \theta(u,v)}{\partial v} \tag{2-10}$$

记

$$\psi_s^1(u,v) = \frac{1}{s^2}\psi^1\left(\frac{u}{s},\frac{v}{s}\right) \tag{2-11}$$

$$\psi_s^2(u,v) = \frac{1}{s^2}\psi^2\left(\frac{u}{s},\frac{v}{s}\right) \tag{2-12}$$

则 $f(u,v)$ 在尺度 s 上的二维小波变换为

$$W^1 f(s,u,v) = \iint\limits_{R^2} f(x,y)\frac{1}{s}\psi^1\left(\frac{x-u}{s},\frac{y-v}{s}\right)\mathrm{d}x\mathrm{d}y = (f*\overline{\psi_s^1})(u,v) \tag{2-13}$$

$$W^2 f(s,u,v) = \iint\limits_{R^2} f(x,y)\frac{1}{s}\psi^2\left(\frac{x-u}{s},\frac{y-v}{s}\right)\mathrm{d}x\mathrm{d}y = (f*\overline{\psi_s^2})(u,v) \tag{2-14}$$

其中，$\overline{\psi_s^k}(u,v) = \frac{1}{s^2}\psi_s^k(-u,-v)$，$k=1,2$。

2.3.2　小波变换模极大值检测原理

对于小波变换的两个分量 $W^1 f(s,u,v)$ 和 $W^2 f(s,u,v)$，容易证明：

$$\begin{bmatrix} W^1 f(s,u,v) \\ W^2 f(s,u,v) \end{bmatrix} = s\begin{bmatrix} (f*\overline{\psi_s^1})(u,v) \\ (f*\overline{\psi_s^2})(u,v) \end{bmatrix} = s\begin{bmatrix} \dfrac{\partial}{\partial u}(f*\overline{\theta_s})(u,v) \\ \dfrac{\partial}{\partial v}(f*\overline{\theta_s})(u,v) \end{bmatrix} = s\nabla(f*\overline{\theta_s})(u,v) \tag{2-15}$$

因而，$(f * \overline{\theta_s})(u,v)$ 的梯度向量 $\nabla(f * \overline{\theta_s})(u,v)$ 的模与小波变换的模成比例，即

$$Mf(s,u,v) = \sqrt{\left|W^1 f(s,u,v)\right|^2 + \left|W^2 f(s,u,v)\right|^2} \tag{2-16}$$

梯度方向与水平方向 u 的夹角（幅角或相角）为

$$Af(s,u,v) = \arctan \frac{W^2 f(s,u,v)}{W^1 f(s,u,v)} \tag{2-17}$$

于是，计算一个光滑函数 $(f * \overline{\theta_s})(u,v)$ 沿着梯度方向的模极大值等价于计算小波变换的模极大值。记 $\overline{n_j}(u,v) = (\cos Af(2^j,u,v), \sin Af(2^j,u,v))$，则单位向量 $\overline{n_j}(u,v)$ 与梯度向量 $\nabla(f * \overline{\theta_s})(u,v)$ 是平行的。因此，在尺度 s 下，若模 $Mf(s,u,v)$ 在点 (u_1,v_1) 沿着 $(u,v)=(u_1,v_1)+\lambda\nabla f(u_1,v_1)$ 方向，当 $|\lambda|$ 充分小时取到局部极大值，则点 (u_1,v_1) 就是 $(f * \overline{\theta_s})(u,v)$ 的一个边缘点，即 $f(u,v)$ 的一个突变点。而边界的方向与 $\overline{n_j}(u,v)$ 垂直。这表明，通过检测二维小波变换的模极大值点可以确定图像的边缘点。

边缘定义为小波变换模取极值之处，其方向则沿着与幅角垂直的方向。但是噪声也是灰度突变点，也是极大值点。因为小波变换具有使信号能量集中、噪声能量分散的性能，还能将信号能量集中在少数小波系数上，所以边缘的小波系数幅值比较大，而噪声能量比较分散，小波系数幅值较小。所以用平滑函数的一阶导数作为小波函数对图像进行小波变换，在一个尺度下大于一定阈值的小波系数的模极大值点即对应图像的边缘点，综合大尺度下好的抗噪性和小尺度下好的定位性提取出边缘，这就是小波变换用于边缘检测的原理。

2.3.3　数字图像的多尺度边缘提取算法

设数字图像 D 有 $N \times N$ 个像素，即 $D = \{d_{n,m} \mid n,m = 0,1,\cdots,N-1\}$，利用小波变换模极大值对数字图像进行边缘检测的算法如下：

1）选定平滑函数 $\theta(x,y)$ 为尺度函数，求出 $\theta(x,y)$ 的一阶偏导数 $\psi^x(x,y)$ 和 $\psi^y(x,y)$，并将其作为小波函数；对图像进行小波变换，在尺度 $s = 2^j$ 下，计算数字图像 D 在每一点（n，m）的二维小波变换 $W^1 f(2^j,n,m)$ 和 $W^2 f(2^j,n,m)$，$n,m = 0,1,\cdots,N-1$，$1 \leqslant j \leqslant J = \log_2 N$。分解的尺度数可根据需要而定。两个方向的小波系数相当于采用小波变换进行图像分解时的水平细节系数和垂直细节

系数。

2）由各个点小波系数计算每一点的幅值 $Mf(2^j,n,m)$ 和幅角的正切值 $\tan Af(2^j,n,m)$。从数字图像的结构图 2-4a 可知，每个像素点的周围只有 8 个邻接点，这些邻接点将平面分成 8 个区域，如图 2-4b 所示，考虑到梯度方向的对称性，只需考虑 1～4 区域中的梯度方向，这些区域的每个像素点的梯度方向必落入下面 4 个区间之一：

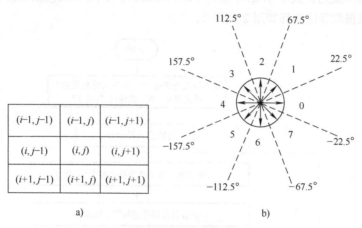

a）　　　　　　　　　　　　　　b）

图 2-4　8 邻域像素

a）数字图像的邻域结构　b）邻接点划分的 8 个区域

$$[1-\sqrt{2},\sqrt{2}-1],[\sqrt{2}-1,\sqrt{2}+1],[\sqrt{2}+1,+\infty]\cup[-\infty,-1-\sqrt{2}],[-1-\sqrt{2},1-\sqrt{2}]$$

3）按照梯度伸展方向比较临近的前后两个点的幅值，取模最大的点作为候选边缘点。对每个像素点 (n,m)，幅值和幅角为

$$Mf(2^j,n,m)=\sqrt{|W^1f(2^j,n,m)|^2+|W^2f(2^j,n,m)|^2}$$

$$\tan Af(2^j,n,m)=\frac{W^2f(2^j,n,m)}{W^1f(2^j,n,m)}$$

4）求边界点。由于噪声的存在，需要进行模极大值点阈值化处理，即对小波变换系数模局部极大值设定阈值，阈值根据小波变换整体的模值统计直方图确定：

$T>0$，对于 $n,m=0,1,\cdots,N-1$，如果 $Mf(2^j,n,m)\geq T$，$Mf(2^j,n,m)$ 取得局部

极大值，即 (n, m) 为模极大值点，则 (n, m) 是一个边界点。

5）在各尺度上连接边界点，形成各尺度下沿着边界的极大曲线。

图像中边界点一般形成一条曲线，而该曲线通常是某些重要结构的边界。将各个小波模极大点连接起来，就形成一条沿着边界的极大曲线。在离散情况下，极大曲线是通过将图像离散采样点中两个相邻的边界点 (n, m) 与 $(n, m) + \gamma(n, m)$ 连接起来形成的，其中 $\gamma(n, m)$ 垂直于扇区 Code $Af(2^j, n, m)$ 对应的梯度方向。多尺度边缘提取算法流程如图 2-5 所示。

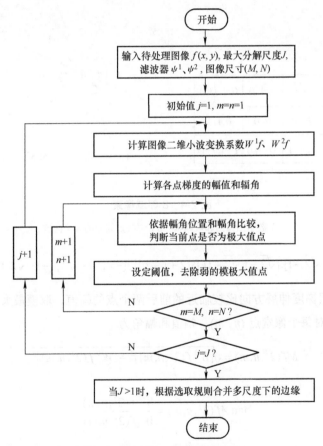

图 2-5　多尺度边缘提取算法流程

2.3.4　实验结果

实验采用一张打上激光束的零件图片，对图像进行滤波去噪、增强等预处理后，分别采用小波变换模极大值多尺度边缘检测算法和传统的 Roberts 算子对图像边缘信息进行检测，结果如图 2-6 所示。从图中可以看到，传统的 Roberts 算子检测的边缘不准确，且把图像中的一些信息误认为边缘检测出来，检测效果不如小波变换模极大值多尺度边缘检测算法。

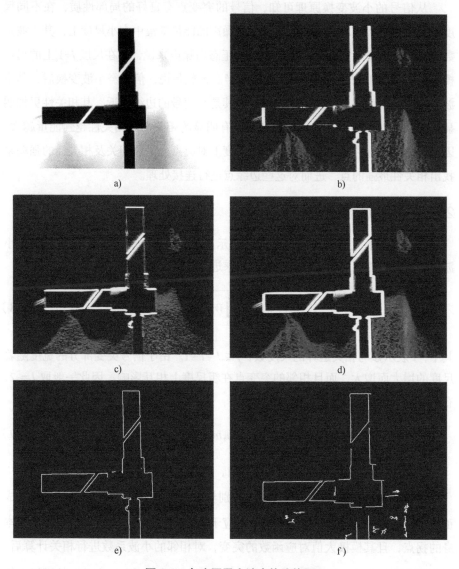

图 2-6　灰度图及小波变换边缘图

a）灰度图　b）垂直方向小波变换　c）水平方向小波变换　d）小波变换模
e）小波变换零件边缘图　f）由 Roberts 算子检测的边缘图

2.4　基于小波尺度相关的边缘检测

2.4.1　尺度相关检测原理

从信号的小波变换原理可知，信号的突变点有良好的局部性质，在不同尺度的同一位置都有较大的峰值出现，而噪声的能量却集中在小尺度上，其小波系数随着尺度的增大而迅速衰减，而且对正态白噪声来说，其在尺度 $j+1$ 上的局部模极大值点的平均数目为尺度 j 上的一半。也就是说，信号经小波变换后，其小波系数在各尺度上有较强的相关性，尤其是在信号的边缘附近，其相关性更加明显，而噪声对应的小波系数在尺度间没有明显的相关性。相关性越强能量越大，因此，可以考虑利用小波系数在不同尺度上对应点处是否相关及相关性的强弱来找出相关性最强的点，进而对这些边缘点进行连接处理。

2.4.2　相关系数的定义

设分解的最大尺度为 J，$Wf(j,k)$ 表示尺度 j 上位置 k 处含噪信号 f 的离散小波变换，将相邻尺度的小波系数直接相乘进行相关计算，定义

$$P(j,k) = \sqrt[l]{\prod_{i=0}^{l-1} Wf(j+i,k)} \qquad （2-18）$$

其中，l 表示参与相关运算的尺度数，$j \leq J - l + 1$。由于信号突变部分的宽度随着尺度的增大而增大，而且相邻的突变点在粗尺度上相互影响，因此一般取 $l = 2$，有

$$P_j^{t,k}(n,m) = [W_j^{t,k} f(n,m) \cdot W_{j+1}^{t,k} f(n,m)]^{1/2} \qquad （2-19）$$

$t = 1$、2 时分别表示水平和垂直方向，$k = 1, 2, \cdots, N$。

小波变换 $W_s^1 f(x,y)$ 和 $W_s^2 f(x,y)$ 分别与 $f(x,y)$ 被 $\theta_s(x,y)$ 平滑后的偏导数成正比，所以函数一阶偏导数的极值点对应于二阶偏导数的零点，同时也是函数本身的拐点，且其模极大值对应函数的突变，对相邻的小波系数进行相关计算后，其相关系数与小波变换 $W_s^1 f(x,y)$ 和 $W_s^2 f(x,y)$ 成正比，因此 $P(j,k)$ 的模极大值也对应函数的突变点，但消去了噪声的影响。

2.4.3　图像的小波尺度相关边缘检测

设分解的最大尺度为 J，由上述相关系数的定义，将相邻尺度的小波系数直接相乘进行相关计算。定义二维图像经小波变换后，相邻两尺度间的相邻尺度积系数为 $P_j^{t,k}(n,m)$，对于一个边缘点 (n,m)，其小波变换 $W_j^t f(n,m)$ 应与 $W_{j+1}^{t,k} f(n,m)$（$t=1$，2）同号，因此 $P_j^{t,k}(n,m)$（$t=1$，2）非负，如果 $P_j^{t,k}(n,m)<0$，认为该点由噪声产生，将被置零。

定义点 (n,m) 的相关模值为

$$M_j^k f(n,m)=\sqrt{|P_j^{1,k}(n,m)|^2+|P_j^{2,k}(n,m)|^2} \tag{2-20}$$

辐角为

$$\theta=A_j^k f(n,m)=\arctan\frac{\operatorname{sgn}(W_j^{2,k}f(n,m))\,|P_j^{2,k}(n,m)|}{\operatorname{sgn}(W_j^{1,k}f(n,m))\,|P_j^{1,k}(n,m)|} \tag{2-21}$$

记相关模图 $M_j^k f=\{M_j^k f(n,m)\}_{1\leqslant n,m\leqslant N}$，辐角图 $A_j^k f=\{A_j^k f(n,m)\}_{1\leqslant n,m\leqslant N}$。

与小波变换模极大值边缘检测算法相似，相关模图中 $M_j^k f$ 中的模极大值点就是该点的模，它大于在辐角方向两个相邻位置上模值的点，在不同尺度上，其模极大值点就是图像相邻两尺度相关性最强的点，由于噪声的相关性很弱，故该点就对应图像的突变点，记下这些点的位置，得到尺度 $s=2^j$ 上可能的边缘 $P_j f=\{P_j(n,m)\}_{1\leqslant n,m\leqslant N}$，其中若 (n,m) 为模极大值点，则 $P_j(n,m)=1$，否则 $P_j(n,m)=0$。每两个相邻尺度上的相关模极大值点都提供了一定的边缘信息，因此，所有极大值点的位置均成了图像的多尺度边缘。

2.4.4　图像的小波尺度相关检测算法

由前面的讨论可知，小波尺度相关检测可以有效地去除噪声对边缘检测的影响：如果小波变换的模随尺度的增大而减小或者在两个尺度之间小波变换模的方向相反，可把该点当作噪声去掉；同时，由于噪声和边缘的相关性之间相差较大，所以选择阈值的范围比较宽。基于尺度相关的小波检测流程如图 2-7 所示，小波尺度相关算法如下：

1）对图像做 j 级小波变换。

2）分别计算 x 和 y 方向小波变换的相关系数。在 x 方向上，如果 $w_{2^j}^x f$ 与 $w_{2^{j+1}}^x f$ 符号相同，则

$$p_j^x = \mathrm{sign}(w_{2^j}^x f) * w_{2^j}^x f * w_{2^{j+1}}^x f$$

否则，$p_j^x = 0$。同理，在 y 方向上可计算 p_j^y。

3）根据所得到的 p_j^x 和 p_j^y 计算局部极大值，得到模极大值图。

4）通过阈值滤掉伪边缘。

5）进行边缘链接，如果链长小于某一给定值，该点可当噪声去掉。

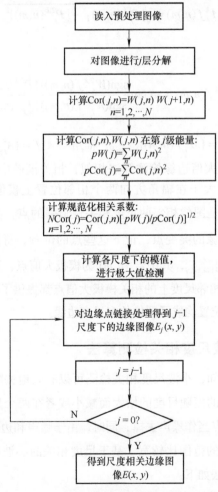

图 2-7　基于尺度相关的小波检测流程图

用上述方法对所给的原始含噪图像分别采用模极大值检测和小波尺度相关检测进行了实验（见图 2-8），可见，小波尺度相关检测算法能有效地去除噪声的干扰，可以减小相邻边缘间的相互影响，精确地检测出图像的边界。

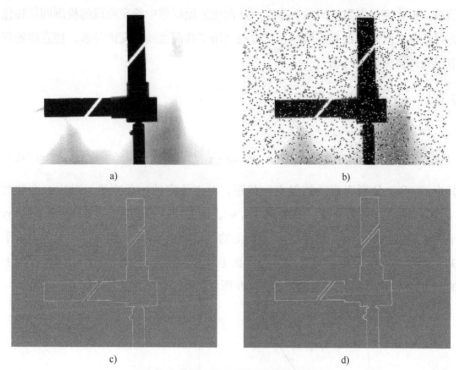

图 2-8 小波尺度相关检测结果及对比

a）零件灰度图 b）零件加噪图 c）采用小波尺度相关检测效果图 d）采用模极大值检测效果图

这种基于尺度空域相关性的图像边缘检测方法不需要对图像进行预处理就能较精确地检测出零件视觉图像的边缘，克服了直接对图像进行边缘检测造成的误差，方法快捷、算法简便，实验结果表明该方法能得到满意的结果。

2.5 Hough 变换进行直线特征检测

在工业领域中，直线和圆是最常见的图像特征，霍夫变换（Hough Transform，HT）非常适合这类基元的参数检测与提取。Hough 变换以其对局部缺损的不敏感、对随机噪声的鲁棒性以及适于并行处理等优良特性，备受图像处理、模式识别和计算机视觉领域学者的青睐，已经成为模式识别的一种标准工具。它的突出优点就是可以将图像中较为困难的全局检测问题转换为参数空间中相对容易解决的局部峰值检测问题。Hough 变换法是目前应用最广的特征检测方法，可以检测很多几何特征。它利用点与线的对偶性，将原始图像空间给定的曲线通过曲线表达形式变为参数空间的一个点，从而把原始图像中给定曲线的检测问题转化为寻找参数空间中的峰值问题，巧妙地利用了共面直线相交的关系，使直线的提取问题转换为计数问题。

2.5.1　Hough 变换原理

设直线方程为

$$y = ux + v \tag{2-22}$$

其中，u 和 v 分别为直线的斜率和截距。对于给定的一条直线，对应一个数对 (u, v)。反之，如果给定一个数对 (u, v)，则对应一条直线 $y = ux + v$。即 $O\text{-}xy$ 平面上的直线 $y = ux + v$ 和 $O\text{-}uv$ 平面上的一个数对 (u, v) 构成一一对应。这个关系称为 Hough 变换。同理，$O\text{-}uv$ 平面上的一条直线 $v = -xu + y$ 与 $O\text{-}xy$ 平面上的点 (x, y) 也是一一对应的，如图 2-9 所示。

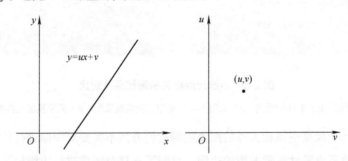

图 2-9　$O\text{-}xy$ 平面上直线与 $O\text{-}uv$ 平面上点的对应关系

因此，如果 $O\text{-}xy$ 平面上有一条直线 $y = ux + v$，那么它上面的每一个点都对应于 $O\text{-}uv$ 平面上的一条直线，这些直线相交于一点 (u, v)。利用这个重要性质可以检测共线点。

注意到直线的斜率可能接近无穷大，为了使变换域有意义，需要采用直线方程的法线式表示：

$$x\cos\theta + y\sin\theta = \rho \tag{2-23}$$

其中，ρ 是平面直线到坐标系原点的距离，θ 是直线法线与 x 轴的夹角。于是，$O\text{-}xy$ 平面中的一条直线和 $O\text{-}\rho\theta$ 平面中的一点一一对应，$O\text{-}xy$ 平面中的一点和 $O\text{-}\rho\theta$ 平面中的一条曲线一一对应，而且容易知道 $O\text{-}xy$ 平面中的共线点所对应的 $O\text{-}\rho\theta$ 平面中的曲线交于一点，如图 2-10 所示。

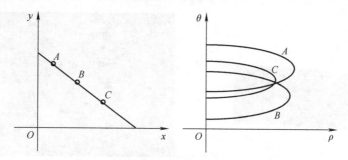

图 2-10　共线点对应的曲线相交于一点

可以知道 $O\text{-}xy$ 平面中直线上的各点对应着 $O\text{-}\rho\theta$ 平面上的一个点。如果对过这一点的曲线进行计数，结果会是比较大的数值。因此可以根据精度将 $O\text{-}\rho\theta$ 平面划分成等间隔的小直网格，这个直网格对应一个计数阵列。对于 $O\text{-}xy$ 平面中的每一点，按上面介绍的原理在 $O\text{-}\rho\theta$ 平面中画出它对应的曲线，凡是这条曲线经过的小格，对应的计数阵列元素加 1。因此，计数阵元的数值等于共线的点数。当检测直线时，对应于大计数的小格，通过它的曲线所对应的 $O\text{-}xy$ 平面的各点接近于共线，而通过对应于小计数的小格的曲线对应点认为是孤立点，不构成直线，应该去除。利用这个方法检测直线称为 Hough 变换直线检测方法。

Hough 变换的实现过程可概括如下：

1）在 ρ、θ 的最大值和最小值之间建立一个离散的参数空间。

2）建立一个累加器 $A(\rho,\theta)$，并置每个元素为 0。

3）对图像中曲线上的每一点做 Hough 变换，即算出该点在 $\rho-\theta$ 网格上的对应曲线，相应的累加器加 1。

4）找出 A 的局部最大值，这个点就提供了图像平面上共线点的共线参数。

5）用最小二乘法拟合获得的共线点得到直线方程。

2.5.2　实验

首先对待检测零件的图像进行一系列预处理，如图 2-11 所示，然后运用小波边缘检测在 MATLAB 中进行编程得出零件的边缘图像，如图 2-12 所示，然后通过 Hough 变换对提取的边缘图像检测其上下棱边的边缘点，对检测到的边缘点应用最小二乘法进行拟合得到较精确的直线方程。由于零件下边缘轮廓的直线度较小，故选其作为基准要素，上边缘轮廓作为被测要素，实验结果如下：

 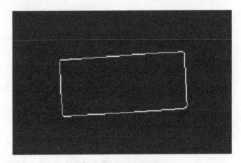

图 2-11　零件灰度图　　　　　　　图 2-12　检测边缘图

通过检测上下边缘的边缘点进行最小二乘拟合得到零件两边缘的直线方程为

$$y_1 = -0.073x_1 + 60.058$$
$$y_2 = -0.071x_2 + 125.5$$

（2-24）

所获得的 Hough 变换图和最小二乘法拟合的直线分别如图 2-13、图 2-14 所示。

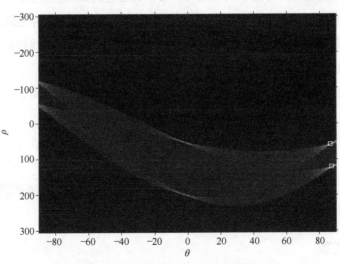

图 2-13　加阈值后的 Hough 变换

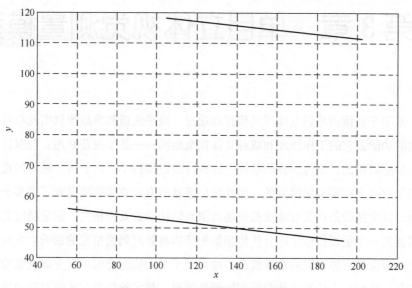

图 2-14　最小二乘法拟合的直线

Hough 变换把直线上点的坐标转换到过点的直线的系数域，利用了共面直线相交的关系使直线的提取问题转换为计数问题，可以很容易提取图像中的直线特征。

第 3 章　单目立体视觉测量模型

　　基于平面镜的单目立体视觉传感器通过一块平面镜和单摄像机实现双目立体视觉的功能，它的工作原理和双目立体视觉相同——基于视差原理。与双目立体视觉传感器相比，该传感器的结构、体积可以做得很小。由于该传感器的虚拟摄像机是通过平面镜镜像得到的，因此该传感器的有效成像视场受到了诸多条件的限制，其成像的条件及有效成像视场范围与结构参数紧密相关。测量精度是衡量传感器的一个重要指标，应分析传感器的结构参数对测量精度的影响。本章通过分析双摄像机立体视觉的数学模型，建立基于平面镜配合的单目立体视觉检测系统的数学模型，为检验该数学模型的测量效果，将实验结果和传统双摄像机立体视觉检测系统测量的结果相比较，实验结果表明了该测量方法的可行性。

3.1　立体视觉测量原理

3.1.1　视差原理

　　人眼在观察外界三维物体时，两眼间存在一定的水平距离（约 60mm），两眼观察物体的角度不同，造成两眼视网膜上的物像存在一定程度的水平差异。这种在两眼视网膜上成像出现、微小、主要在水平方向上存在一定差别的水平像位差，称为双眼视差或立体视差，它反映了三维物体的远近程度。人之所以能感知深度，就是在这个双眼视差的基础上，经过大脑加工综合后区分空间物体的上下、前后、远近，从而产生立体视觉。

　　基于视差原理的立体视觉检测系统，运用两台或者多台摄像机对同一三维物点从不同位置成像获取其立体像对，通过后续的各种算法得到对应的点对像素坐标，进而计算出视差，然后采用三角测量的方法获取深度信息。

3.1.2　双摄像机立体视觉测量原理

　　在双摄像机立体视觉检测系统中，分别连接左右摄像机的光心和三维物点，交左右像平面两点，根据视差原理，可以获得左右像点的距离，由于光心距离、摄像机焦距已知，根据三角几何关系可以计算出两摄像机公共视场内三维物体的深度及空间物点的三维坐标。

图 3-1 所示为平行放置、像面位于同一平面上的双摄像机立体视觉测量原理图。设两摄像机相距一定的距离 B（基线距），摄像机的焦距均为 f，两摄像机同时拍摄空间物体上的一点 P，分别在左图像和右图像上获取点 P 的图像，它们的图像坐标分别为 $P_{\text{left}} = (X_{\text{left}}, Y_{\text{left}})$，$P_{\text{right}} = (X_{\text{right}}, Y_{\text{right}})$。设两摄像机的成像平面共面，则特征点 P 在两幅图像上对应的图像纵坐标 Y 相同，即 $Y_{\text{left}} = Y_{\text{right}} = Y$，横坐标 X 相差一个数值，在图 3-1 的三角形中，由几何比例关系得

$$\begin{cases} X_{\text{left}} = f\dfrac{x_{\text{c}}}{z_{\text{c}}} \\ X_{\text{right}} = f\dfrac{x_{\text{c}} - B}{z_{\text{c}}} \\ Y = f\dfrac{x_{\text{c}}}{z_{\text{c}}} \end{cases} \tag{3-1}$$

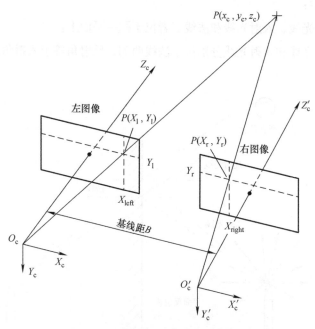

图 3-1 双摄像机立体视觉测量原理

则视差为 Disparity = $X_{left} - X_{right}$。由此可计算出空间点 P 在摄像机坐标系下的三维空间坐标为

$$\begin{cases} x_c = \dfrac{BX_{left}}{\text{Disparity}} \\[2mm] y_c = \dfrac{BY}{\text{Disparity}} \\[2mm] z_c = \dfrac{Bf}{\text{Disparity}} \end{cases} \tag{3-2}$$

3.2 平面镜成像原理

在物体前方放置一块平面镜，平面镜所成的物像是由物体发出或反射的光线遇到平面镜后发生反射，由反射光线的反向延长线在镜后相交而形成的，如图 3-2 所示。物点 S 在镜后的像 S' 并不是实际光线汇聚形成的，而是由反射的光线反向延长后相交形成的，因此 S' 称为 S 的虚像。平面镜在成像过程中遵循光线的反射定律：

1）反射光线、入射光线和法线三者位于同一平面上。

2）反射光线和入射光线分别位于法线两侧，反射角等于入射角。

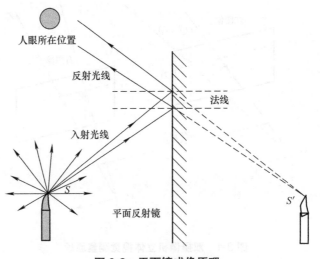

图 3-2 平面镜成像原理

根据上述平面镜的反射定律，可以得到物体和其虚像之间的关系：

1）物点和像点大小相等，它们相对平面镜对称；若摄像机和标定模板采用右手系，则其在镜面中的虚像均为左手系，如图 3-3 所示；当物点沿顺时针方向转动时，像平面沿逆时针方向转动。

2）物体和镜面中虚像的连线垂直于镜面，且与镜面法向平行。

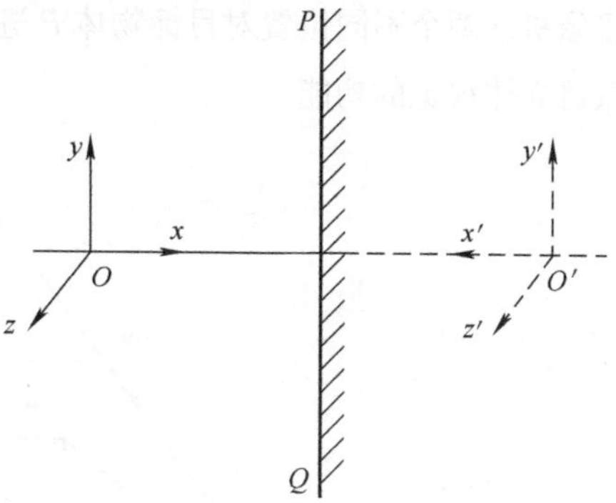

图 3-3　平面镜成像的坐标关系

如果在物体侧建立世界坐标系，则根据成像特性，对于世界坐标系中的一点 P_w，和其在平面镜中的虚像 P'_w 的关系为

$$\boldsymbol{P}_w = \boldsymbol{\Sigma} \boldsymbol{P}'_w \tag{3-3}$$

其中，$\boldsymbol{P}_w = [x_w \ \ y_w \ \ z_w]^T$，$\boldsymbol{P}'_w = [x'_w \ \ y'_w \ \ z'_w]^T$，$\boldsymbol{\Sigma} = \begin{bmatrix} -1 & & \\ & 1 & \\ & & 1 \end{bmatrix}$。

3.3　单目立体视觉测量原理

和双摄像机视觉传感器相同，单目立体视觉传感器也是基于视差原理来进行测量工作的。根据平面镜的性质，如果调整物体相对于平面镜的位置，使物体及其虚像都在人眼的视觉范围内，这就相当于人眼从不同位置获取物体的图像，从而可以确定物体的三维位置。如果在人眼位置放置电荷耦合器件（Charge Coupled Device，CCD）传感器，根据视差原理就可以实现物体的测量。单目立体视觉传感器主要由一台 CCD 摄像机和一块平面镜组成，其光路原理如图 3-4 所示。

固定 CCD 摄像机，在 CCD 摄像机前放置一面平面镜，对于平面镜前的一待测物体 P，其在镜中的虚像为 P'，调整摄像机的摆放角度以及平面镜与 CCD 摄像机的距离，使物体 P 和平面镜中的虚像 P' 同时在摄像机中成像，在一张图像中获得两个不同视觉的目标图像，由于存在一定的虚拟立体视差，故可以实现立体测量。如图 3-5 所示，本实验布置实际上相当于真实摄像机和镜面中的虚拟摄像机从两个不同位置对目标物体 P 进行拍摄获取两幅图像。因此，该系统具有双目立体视觉的功能。

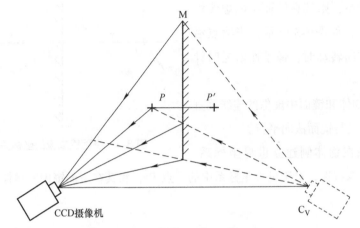

图 3-4　单目立体视觉传感器示意图

a)　　　　　　　　　　　　b)

图 3-5　目标图像及其翻转后的图像

a）摄像机拍摄的图像　b）翻转后的图像

3.4　单摄像机视觉传感器成像分析

根据上述原理，对单目立体视觉传感器结构进行分析，传感器结构如图 3-6 所示。以真实摄像机和虚拟摄像机的光心连线为 x 轴，镜子所在方向为 z 轴，两轴的交点 O 为坐标原点建立坐标系，光轴与 x 轴的夹角为 θ，摄像机的视场角为 2α，光心 A 到原点 O 的距离为 l，平面镜边缘入射光线 BA 与 x 轴夹角为 β。

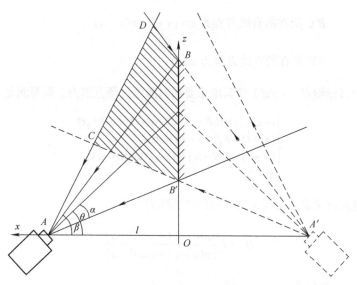

图 3-6　单目立体视觉传感器结构

3.4.1　视场分析

对于单目立体视觉传感器，它的有效视场是指能够同时对目标及其虚像成像的区域（图 3-6 中阴影部分），位于此区域之外的部分称为盲区。很显然，由于平面镜的镜像作用，该传感器的视场较传统双目立体视觉传感器明显减小，只有其视场的一半。另外，对于一般的不透明三维物体，由于物体本身的遮挡作用，物体的有些表面及其在镜中的虚像不能同时出现在有效视场中，这正是这种传感器的劣势所在。传感器设计时应调整好物体、平面镜和摄像机三者的位置关系，使物体上的所有被测点都位于有效视场内。

单目立体视觉传感器的视场范围受到诸多条件的限制：一是视场要在摄像机的视场范围之内，这个是由摄像机的视场角来决定的；二是视场还要在虚拟摄像机的视场范围内；三是由于平面镜的反射作用，将导致视场只能在摄像机和平面镜的一侧；四是由平面镜成像的特点，视场不能大于平面镜最上端 B 点反射到摄像机的入射光线，故成像范围为 $BB'CD$。

DC 所在的直线方程为 $z = (-x+l)\tan(\theta+\alpha)$　　　　（3-4）

DB 所在的直线方程为 $z = (x+l)\tan\beta$　　　　（3-5）

$B'C$ 所在的直线方程为 $z = (x+l)\tan(\theta - \alpha)$ （3-6）

BB' 所在的直线方程为 $x = 0$ （3-7）

对于目标物点（$x'y'z'$）和其虚像要同时落入视场范围内，需要满足：

$$\begin{cases} (-x'+l)\tan(\theta + \alpha) < (-x+l)\tan(\theta + \alpha) \\ (x'+l)\tan \beta < (x+l)\tan \beta \\ (x'+l)\tan(\theta - \alpha) > (x+l)\tan(\theta - \alpha) \\ x' < 0 \end{cases}$$ （3-8）

根据几何关系，可得 x 轴方向最大视场为

$$H_x = l\frac{\tan(\theta + \alpha) - \tan(\theta - \alpha)}{\tan(\theta + \alpha) + \tan(\theta - \alpha)}$$ （3-9）

z 轴方向视场为

$$H_z = \begin{cases} l[\tan(\theta + \alpha) - \tan(\theta - \alpha)] - x[\tan(\theta + \alpha) + \tan(\theta - \alpha)], \\ l\frac{\tan(\theta + \alpha) - \tan \beta}{\tan(\theta + \alpha) + \tan \beta} \leqslant x < l\frac{\tan(\theta + \alpha) - \tan(\theta - \alpha)}{\tan(\theta + \alpha) + \tan(\theta - \alpha)} \\ (x+l)[\tan \beta - \tan(\theta - \alpha)], 0 \leqslant x < l\frac{\tan(\theta + \alpha) - \tan \beta}{\tan(\theta + \alpha) + \tan \beta} \end{cases}$$ （3-10）

要使目标物体落在成像范围内，必须满足 $\beta - \alpha < \theta < \beta + \alpha$，因为此时真实摄像机和虚拟摄像机视场存在交集，并在平面镜的成像范围内，目标物体及其虚像能同时出现在真实摄像机的视场内。当 $\beta + \alpha \leqslant \theta < \pi/2 + \alpha$ 或 $0 < \theta \leqslant \beta - \alpha$ 时，真实摄像机和虚拟摄像机视场无交集，或平面镜没有有效利用，此时无意义。图 3-7 所示为 θ、β、α 在不同的关系条件下的成像视场。

3.4.2 精度分析

为分析平面镜配合的单目立体视觉检测系统的结构参数对测量精度的影响，建立如图 3-8 所示的精度分析模型。为简化分析，设摄像机水平放置，视觉测量系统的坐标原点 A 为真实摄像机的投影中心。由平面镜的对称性可知，虚拟摄像机和真实摄像机的焦距均为 f，光轴与 x 轴的夹角均为 θ，ω_1 和 ω_2 为小于摄像机视场角的投影角。设空间成像区域内任一点 $P(x, y, z)$ 在像面上的像点坐标分别为（X_1, Y_1）和（X_2, Y_2）。

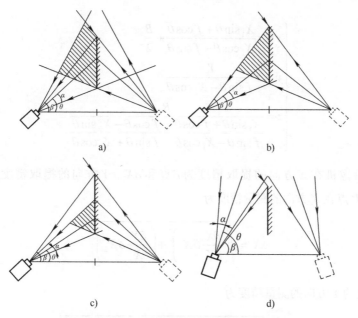

图3-7　θ、β、α 在不同关系条件下的成像视场

a）$\beta-\alpha<\theta<\beta+\alpha$　b）$\theta=\beta-\alpha$　c）$0<\theta<\beta-\alpha$　d）$\beta+\alpha\leqslant\theta<\pi/2+\alpha$

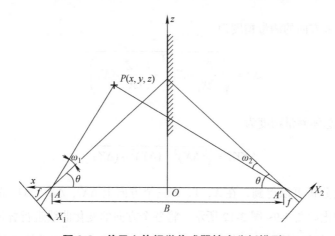

图 3-8　单目立体视觉传感器精度分析模型

　　由双目视觉传感器精度分析知，当基线距 B、焦距 f 和坐标 z 一定时，位于摄像机光轴上点测量精度最低。在此通过研究两摄像机光轴的交点位置的测量精度来分析结构参数对测量精度的影响。

　　由几何关系得到 P 点的三维坐标为

$$
\begin{cases}
x = z \dfrac{X_1 \sin\theta + f\cos\theta}{X_1 \cos\theta - f\sin\theta} + \dfrac{B}{2} \\[3mm]
y = z \dfrac{Y_1}{f\sin\theta - X_1 \cos\theta} \\[3mm]
z = \dfrac{B}{\dfrac{X_1 \sin\theta + f\cos\theta}{f\sin\theta - X_1 \cos\theta} + \dfrac{f\cos\theta - X_2 \sin\theta}{f\sin\theta + X_2 \cos\theta}}
\end{cases}
\tag{3-11}
$$

设摄像机在 X 方向的提取精度为 δX_1 和 δX_2，Y 方向的提取精度为 δY_1 和 δY_2，则 P 点在 X 方向的测量精度为

$$
\Delta X = \sqrt{\left(\frac{\partial X}{\partial X_1}\delta X_1\right)^2 + \left(\frac{\partial X}{\partial X_2}\delta X_2\right)^2}
\tag{3-12}
$$

P 点的 Y 方向的测量精度为

$$
\Delta Y = \sqrt{\left(\frac{\partial Y}{\partial X_1}\delta X_1\right)^2 + \left(\frac{\partial Y}{\partial X_2}\delta X_2\right)^2 + \left(\frac{\partial Y}{\partial Y_1}\delta Y_1\right)^2}
\tag{3-13}
$$

P 点的 Z 方向的测量精度为

$$
\Delta Z = \sqrt{\left(\frac{\partial Z}{\partial X_1}\delta X_1\right)^2 + \left(\frac{\partial Z}{\partial X_2}\delta X_2\right)^2}
\tag{3-14}
$$

P 点的总体测量精度为

$$
\Delta XYZ = \sqrt{(\Delta X)^2 + (\Delta Y)^2 + (\Delta Z)^2}
\tag{3-15}
$$

由以上分析可以得到，在 X、Y、Z 三个方向上 ΔX_1、ΔX_2、ΔY_1 的测量精度随着 θ 的变化如图 3-9~图 3-12 所示。将各个方向的变化曲线进行叠加后得到 P 点的总体测量精度随 θ 的变化曲线，如图 3-13 所示。P 点的总体测量精度基本上呈 U 形变化，当 θ 过大或过小时，测量误差将急剧增大，当 $\theta \in (\pi/6 - \pi/3)$ 时，测量精度较高。

传感器的总体测量精度和焦距 f、物体到基线的距离 z 基本上呈线性关系。图 3-14 表明，焦距 f 越大，物体到基线的距离 z 越小，总体测量精度越高。

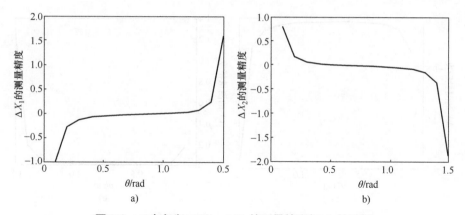

图 3-9 X 方向上 ΔX_1、ΔX_2 的测量精度与 θ 的关系

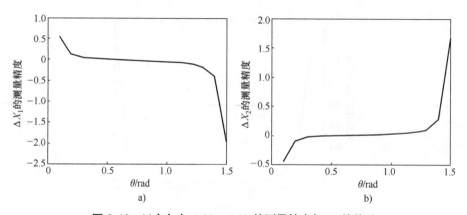

图 3-10 Y 方向上 ΔX_1、ΔX_2 的测量精度与 θ 的关系

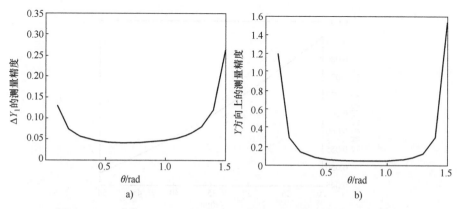

图 3-11 Y 方向上 ΔY_1 以及整个 Y 方向上的测量精度与 θ 的关系

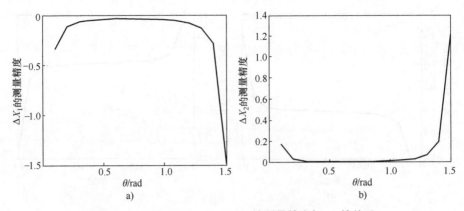

图 3-12　Z 方向上 ΔX_1、ΔX_2 的测量精度与 θ 的关系

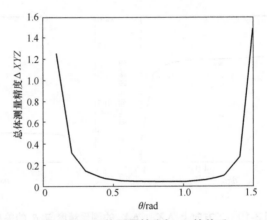

图 3-13　总体测量精度与 θ 的关系

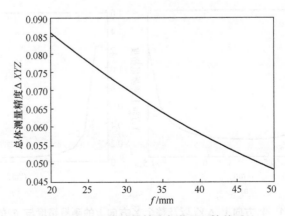

图 3-14　总体测量精度与焦距 f 的关系

3.5 结构参数尺寸设计

　　传感器参数尺寸的大小和目标物体的情况紧密相关。如图 3-15 所示，对于物体 $EFGH$，其在镜中的虚像为 $E'F'G'H'$，设 $EF = a$，$FH = b$，F 到镜面距离为 d，E 点到 x 轴的距离为 s，光心到原点的距离为 l。为了能同时看到物体及其虚像，摄像机的视场角必须将物体及虚像包括在内。可得

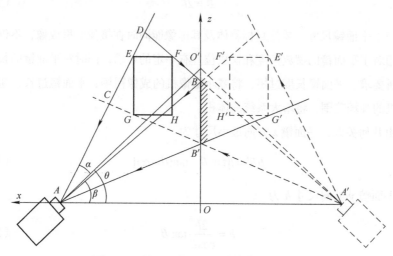

图 3-15　单目立体视觉传感器参数设计图

　　（1）θ 和 β　根据物体的情况选择镜头，确定焦距和视场角 2α，由几何关系得到

$$\theta + \alpha = \arctan\left(\frac{s}{l-a-d}\right) \tag{3-16}$$

$$\theta - \alpha = \arctan\left(\frac{s-b}{l+a+d}\right) \tag{3-17}$$

由式（3-16）和式（3-17）可得

$$\theta = \frac{\arctan\left(\dfrac{s}{l-a-d}\right) + \arctan\left(\dfrac{s-b}{l+a+d}\right)}{2} \tag{3-18}$$

$$\alpha = \frac{\arctan\left(\dfrac{s}{l-a-d}\right) - \arctan\left(\dfrac{s-b}{l+a+d}\right)}{2} \tag{3-19}$$

$$\beta = \arctan\left(\frac{s}{l+d}\right) \tag{3-20}$$

（2）基线距　由于 A 和 A' 关于镜面对称，故基线距为

$$B = 2l \tag{3-21}$$

（3）平面镜尺寸　要使目标物体及其虚像能同时在摄像机里成像，不仅对摄像机相对于平面镜的摆放角度和摆放位置有一定的要求，同时对平面镜的长度也应有所要求。平面镜长度过短，将减小摄像机的成像视场；平面镜过长，超出了摄像机的视场范围，将增大系统的体积。

由几何关系，平面镜 z 方向最小尺寸为

$$BB' = l[\tan\beta - \tan(\theta - \alpha)] \tag{3-22}$$

平面镜 y 方向尺寸 h 为

$$h = \frac{2l}{\cos\theta}\tan\beta \tag{3-23}$$

其中

$$\begin{aligned} &\theta - \alpha < \beta \leqslant \theta + \alpha \\ &\theta - \alpha > 0,\ \theta + \alpha < \frac{\pi}{2} \end{aligned} \tag{3-24}$$

平面镜的 z 方向长度与 4 个参数有关：光心到原点的距离 l、平面镜边缘入射光线与 x 轴夹角 β、光轴与 x 轴的夹角 θ、摄像机的视场半角 α。由于参数较多，同时分析比较复杂，故采取固定两个参数来分析平面镜长度随其余变量的变化情况（见图 3-16 和图 3-17）。图 3-16 中 $\alpha = \pi/9$，$l = 110$；图 3-17 中 $\alpha = \pi/9$，$\beta = 55\pi/180$。

不难发现，在 α 和 l 不变时，平面镜的 z 方向长度随 θ 的增大呈非线性减少；在 α 和 β 不变时，平面镜的 z 方向长度随 l 的增大而线性增加。

设计时根据目标物体本身的大小、到镜面的距离以及到摄像机的距离合理选择 θ、β 和 l。

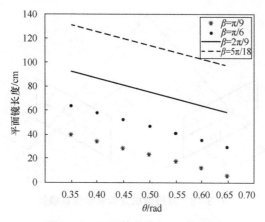

图 3-16　平面镜长度与 θ 的关系

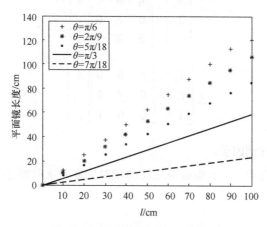

图 3-17　平面镜长度与 l 的关系

3.6　测量模型

3.6.1　双摄像机立体视觉测量模型

假设双摄像机立体视觉检测系统中两个摄像机处于一般位置，如图 3-18 所示，设左摄像机的摄像机坐标系 $O\text{-}xyz$ 和世界坐标系重合，像平面上的图像坐标系为 $O_1\text{-}X_1Y_1$，光心到像平面的距离为 f_1；右摄像机坐标系为 $O_r\text{-}x_ry_rz_r$，像平面上的图像坐标系为 $O'_r\text{-}X_rY_r$，光心到像平面的距离为 f_r，根据摄像机透视变换模型可以得到

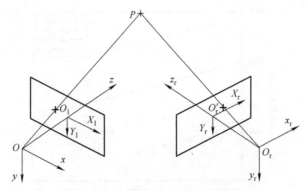

图 3-18 双摄像机立体视觉测量模型

$$s_1 \begin{bmatrix} X_1 \\ Y_1 \\ 1 \end{bmatrix} = \begin{bmatrix} f_1 & 0 & 0 \\ 0 & f_1 & 0 \\ 0 & 0 & 1 \end{bmatrix} \begin{bmatrix} x \\ y \\ z \end{bmatrix} \qquad (3\text{-}25)$$

$$s_r \begin{bmatrix} X_r \\ Y_r \\ 1 \end{bmatrix} = \begin{bmatrix} f_r & 0 & 0 \\ 0 & f_r & 0 \\ 0 & 0 & 1 \end{bmatrix} \begin{bmatrix} x_r \\ y_r \\ z_r \end{bmatrix} \qquad (3\text{-}26)$$

式中，s_1 和 s_r 为比例因子。

而 $O\text{-}xyz$ 坐标系与 $O_r\text{-}x_r y_r z_r$ 坐标系之间的相对位姿关系可通过空间变换矩阵 $\boldsymbol{M}_{lr}$ 表示为

$$\begin{bmatrix} x_r \\ y_r \\ z_r \end{bmatrix} = \boldsymbol{M}_{lr} \begin{bmatrix} x \\ y \\ z \\ 1 \end{bmatrix} = \begin{bmatrix} r_1 & r_2 & r_3 & t_x \\ r_4 & r_5 & r_6 & t_y \\ r_7 & r_8 & r_9 & t_z \end{bmatrix} \begin{bmatrix} x \\ y \\ z \\ 1 \end{bmatrix}, \quad \boldsymbol{M}_{lr} = \begin{bmatrix} \boldsymbol{R} | \boldsymbol{T} \end{bmatrix} \qquad (3\text{-}27)$$

其中

$$\boldsymbol{R} = \begin{bmatrix} r_1 & r_2 & r_3 \\ r_4 & r_5 & r_6 \\ r_7 & r_8 & r_9 \end{bmatrix}, \quad \boldsymbol{T} = \begin{bmatrix} t_x \\ t_y \\ t_z \end{bmatrix} \qquad (3\text{-}28)$$

$\boldsymbol{R}$、$\boldsymbol{T}$ 分别是 $O\text{-}xyz$ 坐标系与 $O_r\text{-}x_r y_r z_r$ 坐标系之间的旋转矩阵和平移向量。由以上分析可知，对于 $O\text{-}xyz$ 坐标系中的一个三维空间点，其三维坐标与其在左右像平面上的投影坐标之间的关系为

$$s_{\mathrm{r}}\begin{bmatrix} X_{\mathrm{r}} \\ Y_{\mathrm{r}} \\ 1 \end{bmatrix} = \begin{bmatrix} f_{\mathrm{r}}r_1 & f_{\mathrm{r}}r_2 & f_{\mathrm{r}}r_3 & f_{\mathrm{r}}t_x \\ f_{\mathrm{r}}r_4 & f_{\mathrm{r}}r_5 & f_{\mathrm{r}}r_6 & f_{\mathrm{r}}t_y \\ r_7 & r_8 & r_9 & t_z \end{bmatrix} \begin{bmatrix} zX_1/f_1 \\ zY_1/f_1 \\ z \end{bmatrix} \qquad (3\text{-}29)$$

于是，空间点三维坐标可以表示为

$$\begin{cases} x = zX_1/f \\ y = zY_1/f_1 \\ z = \dfrac{f_1(f_{\mathrm{r}}t_x - X_{\mathrm{r}}t_z)}{X_{\mathrm{r}}(r_7X_1 + r_8Y_1 + f_1r_9) - f_{\mathrm{r}}(r_1X_1 + r_2Y_1 + f_1r_3)} \\ \quad = \dfrac{f_1(f_{\mathrm{r}}t_y - Y_{\mathrm{r}}t_z)}{Y_{\mathrm{r}}(r_7X_1 + r_8Y_1 + f_1r_9) - f_{\mathrm{r}}(r_4X_1 + r_5Y_1 + f_1r_6)} \end{cases} \qquad (3\text{-}30)$$

当两台摄像机完成内外参数标定，即摄像机的焦距、主点（摄影中心与像平面的垂线与像平面的交点）位置、两台摄像机的相对位姿参数等都获得后，根据上述关系式，由三维点在两摄像机像平面上的图像坐标就可以计算出被测空间物点的三维坐标。

3.6.2　单目立体视觉测量模型

由摄像机的透视成像模型可得，空间点在摄像机坐标系下的坐标和摄像机像平面坐标之间的关系为

$$x = f\frac{X_{\mathrm{c}}}{Z_{\mathrm{c}}}, \quad y = f\frac{Y_{\mathrm{c}}}{Z_{\mathrm{c}}} \qquad (3\text{-}31)$$

式中，x、y 为点的图像坐标；X_{c}、Y_{c}、Z_{c} 为点在摄像机坐标系下的空间坐标；f 为摄像机焦距。

X_{c}、Y_{c}、Z_{c} 用齐次坐标表示上述透视投影关系，则

$$\begin{bmatrix} u \\ v \\ 1 \end{bmatrix} = \begin{bmatrix} f/\mathrm{d}x & 0 & u_0 \\ 0 & f/\mathrm{d}y & v_0 \\ 0 & 0 & 1 \end{bmatrix} \begin{bmatrix} \dfrac{X_{\mathrm{c}}}{Z_{\mathrm{c}}} \\ \dfrac{Y_{\mathrm{c}}}{Z_{\mathrm{c}}} \\ 1 \end{bmatrix} \qquad (3\text{-}32)$$

式中，u、v 为点在数字图像上的坐标（单位为像素）；f/dx、f/dy 分别为像平面的归一化焦距；u_0、v_0 为图像中心坐标。

f/dx、f/dy、u_0、v_0 称为摄像机的内参数。

空间点在世界坐标系和摄像机坐标系下坐标之间的位姿转换关系为

$$\begin{bmatrix} x_c \\ y_c \\ z_c \end{bmatrix} = R \begin{bmatrix} x_w \\ y_w \\ z_w \end{bmatrix} + T \tag{3-33}$$

其中，R 是 3×3 矩阵，T 是 3×1 向量，分别表示世界坐标系到摄像机坐标系的旋转和平移转换关系。它们称为摄像机的外参数。

在图 3-19 的单目立体视觉传感器测量模型中，O_{cr} 和 O_{cv} 分别表示真实摄像机和虚拟摄像机的镜头光心，以这两个点为原点，分别建立摄像机坐标系，三维空间点 P 及其虚像分别成像于点 P_1 和 P_2（位于真实摄像机的像平面上），由于平面镜的镜像作用，空间点 P 的虚像 P' 在摄像机中的成像可以看成是空间点 P 在虚拟摄像机中的像点 P_2'（位于虚拟摄像机的像平面上）。

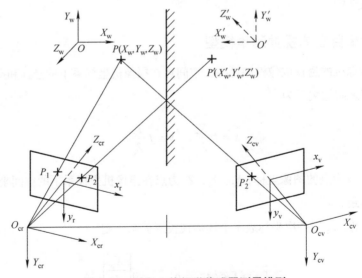

图 3-19　单目立体视觉传感器测量模型

在世界坐标系 O - $x_w y_w z_w$ 中，对于空间点 $P(X_w, Y_w, Z_w)$ 及其在像平面上的投影点 $P_1(u_1, v_1)$ 的坐标关系为

$$\begin{bmatrix} u_1 \\ v_1 \\ 1 \end{bmatrix} = \begin{bmatrix} f/dx & 0 & u_0 & 0 \\ 0 & f/dy & v_0 & 0 \\ 0 & 0 & 1 & 0 \end{bmatrix} \begin{bmatrix} \boldsymbol{R}_1 & \boldsymbol{T}_1 \\ \boldsymbol{0}^T & 1 \end{bmatrix} \begin{bmatrix} X_w \\ Y_w \\ Z_w \\ 1 \end{bmatrix} \tag{3-34}$$

在世界坐标系 $O'\text{-}x'_w y'_w z'_w$ 对于空间点 P 的虚像 P' 及其在像平面上的投影点 P_2 的坐标关系为

$$\begin{bmatrix} u_2 \\ v_2 \\ 1 \end{bmatrix} = \begin{bmatrix} f/dx & 0 & u_0 & 0 \\ 0 & f/dy & v_0 & 0 \\ 0 & 0 & 1 & 0 \end{bmatrix} \begin{bmatrix} R_1 & T_1 \\ 0^T & 1 \end{bmatrix} \begin{bmatrix} X'_w \\ Y'_w \\ Z'_w \\ 1 \end{bmatrix} \tag{3-35}$$

真实世界坐标和虚拟世界坐标的关系为

$$\begin{bmatrix} X'_w \\ Y'_w \\ Z'_w \end{bmatrix} = \begin{bmatrix} -1 & 0 & 0 \\ 0 & 1 & 0 \\ 0 & 0 & -1 \end{bmatrix} \begin{bmatrix} X_w \\ Y_w \\ Z_w \end{bmatrix} + \begin{bmatrix} d \\ 0 \\ 0 \end{bmatrix} \tag{3-36}$$

故有

$$\begin{bmatrix} u_2 \\ v_2 \\ 1 \end{bmatrix} = \begin{bmatrix} f/dx & 0 & u_0 & 0 \\ 0 & f/dy & v_0 & 0 \\ 0 & 0 & 1 & 0 \end{bmatrix} \begin{bmatrix} R_2 & T_2 \\ 0^T & 1 \end{bmatrix} \begin{bmatrix} -1 & 0 & 0 & 0 \\ 0 & 1 & 0 & 0 \\ 0 & 0 & -1 & 0 \\ 0 & 0 & 0 & 1 \end{bmatrix} \begin{bmatrix} X_w \\ Y_w \\ Z_w \\ 1 \end{bmatrix} +$$

$$\begin{bmatrix} f/dx & 0 & u_0 & 0 \\ 0 & f/dy & v_0 & 0 \\ 0 & 0 & 1 & 0 \end{bmatrix} \begin{bmatrix} R_2 & T_2 \\ 0^T & 1 \end{bmatrix} \begin{bmatrix} d \\ 0 \\ 0 \\ 0 \end{bmatrix} \tag{3-37}$$

记

$$\begin{bmatrix} f/dx & 0 & u_0 & 0 \\ 0 & f/dy & v_0 & 0 \\ 0 & 0 & 1 & 0 \end{bmatrix} \begin{bmatrix} R_2 & T_2 \\ 0^T & 1 \end{bmatrix} \begin{bmatrix} d \\ 0 \\ 0 \\ 0 \end{bmatrix} = \begin{bmatrix} t \\ 0 \\ 0 \end{bmatrix}, \quad \begin{bmatrix} R_2 & T_2 \\ 0^T & 1 \end{bmatrix} \begin{bmatrix} -1 & 0 & 0 & 0 \\ 0 & 1 & 0 & 0 \\ 0 & 0 & -1 & 0 \\ 0 & 0 & 0 & 1 \end{bmatrix} = \begin{bmatrix} R'_2 & T'_2 \\ 0^T & 1 \end{bmatrix}$$

则式（3-37）可写为

$$
\begin{bmatrix} u_2' \\ v_2' \\ 1 \end{bmatrix} = \begin{bmatrix} f/dx & 0 & u_0 & 0 \\ 0 & f/dy & v_0 & 0 \\ 0 & 0 & 1 & 0 \end{bmatrix} \begin{bmatrix} R_2' & T_2' \\ 0^T & 1 \end{bmatrix} \begin{bmatrix} X_w \\ Y_w \\ Z_w \\ 1 \end{bmatrix} \tag{3-38}
$$

这就相当于采用两台摄像机分别从不同的角度对空间点 $P(X_w, Y_w, Z_w)$ 进行成像，具有双目立体视觉的功能，因此由式（3-35）、式（3-36）可以进行三维点的测量。

摄像机光轴与平面镜不平行相当于真实摄像机和虚拟摄像机交叉放置，摄像机光轴与平面镜平行相当于真实摄像机和虚拟摄像机平行放置，如图 3-20 所示。

 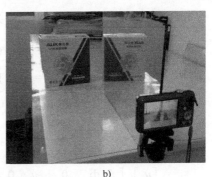

a)   b)

图 3-20　单目立体视觉的配置方式

a）摄像机光轴和平面镜交叉放置　b）摄像机光轴和平面镜平行放置

3.7　器件的选取

3.7.1　图像传感器的选择

CCD 和 CMOS（Complementary Metal-Oxide Semiconductor，互补金属氧化物半导体器件）是当前广泛采用的两种图像传感器。CCD 和 CMOS 两者的工作原理基本相同，它们都是采用光电二极管（Photodiode）的光电转换原理获取物体图像。每个光电二极管对应一个图像像素点，当光线照射到二极管上时，二极管上就会产生电荷累积。光线的强度越强，积累的电荷越多。积累的电荷被读出后送入摄像机处理单元进行预处理，从摄像机处理单元输出的是一幅数字图像。CCD 和 CMOS 的主要差异是设计制造的不同。CMOS 每个像素都直接集成了放大器与数字信号转换电路（ADC），它们占据每个像素的感光区域一定的表面积，而 CCD 是所有像素共用一个 ADC，并没有直接集成 ADC。单色图像传感器的成像过程如图 3-21 所示。CCD 和 CMOS 的基本性能对比见表 3-1。

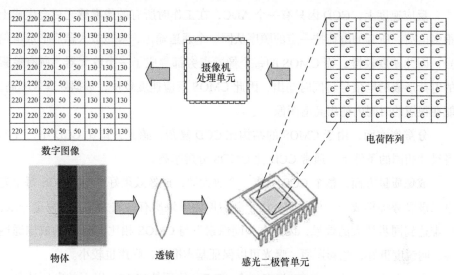

图 3-21 单色图像传感器的成像过程

表 3-1 CCD 和 CMOS 的基本性能

性能指标	CCD	CMOS
结构设计	采用单晶材料，感光器上集成放大器	采用金属氧化物材料，感光器直接连接放大器
反应速度	以行为单位的电流信号，按顺序输出，速度较慢	以点为单位的电荷信号，同时输出，速度更快
灵敏度	面积相同时灵敏度高	面积相同时感光开口小，灵敏度低
成本	制造工艺复杂，成本高	成本低廉
成像质量	技术成熟，采用隔离层隔离噪声，通透性、明锐度、色彩还原等成像质量好	成像器件相互干扰严重，噪声高，通透性、明锐度、色彩还原等成像质量较差
功耗比	外加电压，功耗大	直接放大，功耗低

从总体上比较，由于设计制造的材料和工艺的差别，造成 CCD 与 CMOS 两种图像传感器在 ISO 感光度、反应速度、分辨率、成像质量与耗电量、制造成本等方面有所差异。

感光度方面，在传感器尺寸、像素大小相同的条件下，CCD 比 CMOS 的感光度要高。

反应速度上，CCD 因只有一个 ADC，在工作时所有的像素感光后会生成上很多电荷，所有的电荷按一定的顺序从同一个通道输出，经过放大器后形成电信号，因此速度较慢；而 CMOS 的每个像素点旁都集成了一个放大器，所有像素的电荷形成的电信号将同时输出，因此 CMOS 反应速度较快，数据处理效率高，能在很短的时间内输出高清图像。

分辨率方面，由于 CMOS 的结构比 CCD 复杂，感光开口比 CCD 小，在两者尺寸相同的条件下，通常 CCD 比 CMOS 分辨率高。

成像质量方面，整个 CCD 只有一个放大器，成像效果好，而 CMOS 每个光电二极管旁都集成一个放大器，由于制造原因导致所有的放大器并不完全一致，很难达到同步放大的效果，因此在相同像素下与 CMOS 相比，CCD 的成像通透性、明锐度更好，色彩还原、曝光可以保证基本准确，噪声也较小。

制造成本上，由于 CCD 只有一个 ADC，故须外加 12V 以上的电压让每个像素中的电荷移动至传输通道，因此 CCD 还必须要有更精密的电源线路设计和耐压强度；此外，CCD 无法像 CMOS 一样与相关的芯片电路一同整合封装，因此 CCD 比 CMOS 的工艺复杂，功能体积更大、耗电量更高，制造成本也更高。

本书采用的单块平面镜配合的单目立体视觉检测系统主要运用于工程现场，要求图像传感器的精度、成像质量尽可能高，同时要求噪点少，尽管 CCD 的成本稍高，综合考虑还是选用 CCD 作为图像传感器。

3.7.2 镜头的选取

光学镜头的功能是让光线进入摄像机并聚焦光线在胶片上以形成清晰的图像，是立体视觉检测系统中的重要组件，对成像质量有着关键性的作用。光学镜头的类型很多，主要参数也有所差异，在进行参数选取时除了要考虑接口方式、光圈、视场、F（光圈）数等，还应考虑成像尺寸、焦距、景深和各种像差的影响。

（1）成像尺寸　镜头成像的尺寸是指该镜头在像面成像的大小。镜头的尺寸一般有 1、2/3、1/2、1/3、1/4in（1in=0.0254m）五种，选用镜头时应使镜头的成像尺寸和摄像机传感器的靶面尺寸一致。表 3-2 所示为镜头与对应的传感器芯片的规格。当镜头的规格和传感器靶面尺寸不一致时，如大尺寸镜头与较小尺寸的传感器靶面配合时，可以正常成像但镜头有效成像的视场角小于它的标称值。当小尺寸镜头与传感器靶面尺寸大的摄像机配合使用时，因为镜头太小，不能完全覆盖传感器靶面的全部有效像素，使得所成的像的四角像质很差，甚至出现黑角。

表 3-2　镜头与对应的传感器芯片规格

镜头规格	in	1/4	1/3	1/2	2/3	1
	mm	6.35	8.47	12.70	16.90	25.40
对角线长 /mm		4.5	6.0	8.0	11.0	16.0
靶面水平尺寸 /mm		3.6	4.8	6.4	8.8	12.7
靶面垂直尺寸 /mm		2.7	3.6	4.8	6.6	9.6

（2）焦距　焦距是光学镜头的主要参数。它是指主点到焦点的距离。对距离一定的物体，使用焦距大的镜头，观测到的场景范围小，得到的图像大；使用焦距小的镜头，观测到的场景范围大，得到的图像小。如图 3-22 所示，设三维空间点距离镜头的距离为 D，如果已知传感器靶面尺寸 h（水平）和 v（垂直）、镜头焦距为 f，则可以用式（3-39）估算三维空间点在像平面上的水平尺寸 H 和垂直尺寸 V。

$$f = v \times \frac{D}{V}, \quad f = h \times \frac{D}{H} \tag{3-39}$$

在实际应用中，也可以利用式（3-39）确定光学镜的焦距。

（3）景深　景深即背景的深度。当镜头聚集于某一三维物体上的空间点时，该点就能在像平面形成清晰的像。在该点前后一定范围内的空间点也能在像平面形成清晰的像。这个清晰成像的范围叫作景深，如图 3-23 所示。该点前成清晰像的范围叫前景深，该点后成清晰像的范围叫后景深。前景深的距离加后景深的距离即整个像平面从能成清晰像的最近点到最远点的距离，叫作全景深。

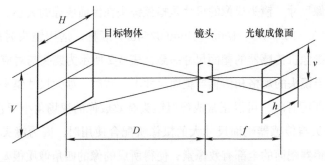

图 3-22 镜头焦距计算方法示意图

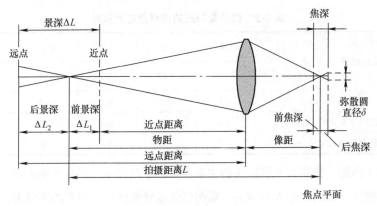

图 3-23 景深示意图

光圈、焦距和物距等影响景深的大小。在镜头焦距、拍摄距离不变的情况下，光圈越小，景深越大；光圈越大，景深越小。在光圈系数和拍摄距离不变的情况下，焦距越短，景深越大；焦距越长，景深越小。在镜头焦距和光圈系数不变的情况下，物距越大，景深越大；物距越小，景深越小。因此，可以根据实际情况选择景深的大小。

（4）镜头的主要参数及对成像质量的影响　理想的镜头，对于在成像视场内的每一个物点，都应使其在像平面上形成一个清晰的像点，但由于物理光学的绕射影响、实际镜头所用的材质、加工制造的精度以及镜片结构等因素，并不能在像平面上各处都形成理想的像。镜头所成的像与理想像点之间的差异称为像差。像差对图像质量的影响较大，像差主要包括球差、像散、场曲、色差、畸变等。

球差是指主轴上物点发出的光线以不同高度入射至系统，通过光学系统后形成一弥散光斑，而无法聚焦为像点的差异现象。物点的位置不同，球差也会有所变化，通常将与轴平行的光线入射至系统的差值作为球差主值。通过改变选择透镜的形状、将其表面磨成非球面等方法可以使透镜的球差减到最小。

像散是指远离轴的三维物点因成像位置不同而形成的成像差异现象，如果一个系统含有像散，在离轴物点所发出的光线中，其子午光线成像位置不同于弧矢光线成像位置，且成像的形状并不固定，在 T 位置上是一水平线，在 S 位置上是一垂直线，如图 3-24 所示。

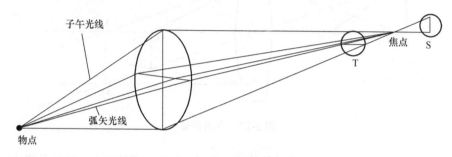

图 3-24　像散像差

总的来说，轴上的三维物点一般不会产生像散像差，离轴的三维物点都会发生像散像差，离轴越远，像散像差越大，由于像散像差主要由离轴距离的大小决定，故通过选择合适的透镜几何形状和恰当的透镜间距来消除像散像差。

场曲是指空间中一平面所成的像为曲面而不是平面，即为像面弯曲，如图 3-25 所示，场曲会导致画面周边画质模糊。通过选择适当的透镜形状、调整透镜间距、使用透镜厚度配对等方法可以有效地减少场曲像差。

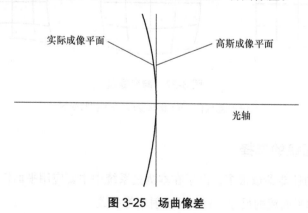

图 3-25　场曲像差

色差（Chromatic Aberration）是指各色光不能汇聚于一点，而是形成一彩色像斑，所以造成成像有色差，如图 3-26 所示。产生色差的根本原因是折射率随着波长的变化而变化。当入射光的波长发生变化时，由于折射率不同将会产生不同的折射角。如果将两种不同的材料组合起来，两个透镜分别产生的正色像差和负色像差相互抵消，使得原本不重合的像重合在一起，可以有效地消除色差。

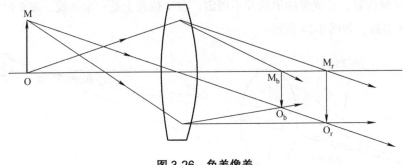

图 3-26   色差像差

畸变是指被摄物平面内主轴外的一条直线，经光学系统时由于光学系统的成像误差而使成像为一条曲线的现象，如图 3-27 所示。畸变像差只对三维物点像的几何形状有影响，而对影像的清晰度没有任何影响。在使用时应尽量使被测物体在主轴附近即成像面的中央成像。

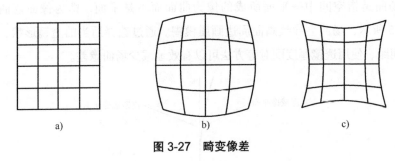

图 3-27   畸变像差

a）理想成像   b）桶状变形   c）枕状变形

3.7.3   平面镜的选择

平面镜的性能参数很多，由于在本测量系统中主要应用平面镜的反射性质，因此主要考虑平面镜的尺寸、材料及反射率等参数。

尺寸方面，根据本章的分析，如果平面镜尺寸较小，将会导致真实摄像机和虚拟摄像机的公共视场减小，甚至两者没有交集；相反，如果平面镜尺寸过大，将使系统的结构变得庞大，同时平面镜得不到有效利用。在进行尺寸选择时，根据被测物体的具体情况，按照 3.5 节的方法和步骤可计算出合适的尺寸。

平面镜的材料种类很多，主要有光学玻璃、光学晶体和光学塑料三大类。这些材料的性能参数很多，主要有消光系数、反射率和折射率等。在这三种光学材料中，光学玻璃目前应用最为广泛，其透光性很强，一般波长为 $0.35\sim2.5\mu m$ 的各色光都能透过。光学晶体是具有规则排列结构的固体，由于人工晶体生长工艺困难，光学晶体的使用没有光学玻璃普遍，主要应用于红外、紫外、偏振、闪烁等光电子新技术方面。光学塑料是指能具有光学玻璃性能的有机化学材料，与光学玻璃相比具有价格低、密度小、质量轻、成型方便、韧性好、生产率高等优点，近年来也得到了广泛的应用，但其性能受热膨胀系数和折射率的温度系数的限制较大。综合考虑光学玻璃、光学晶体和光学塑料三种材料的性能特点，由于光学玻璃具有较高的稳定性、不易受周围环境影响以及加工制造方便等优点，因此成为测量系统中平面镜的首选镜面材料。

由于金属表面分布有密度很大的自由电子，一般金属都具有较大的消光系数。当光线从空气入射到金属表面时，遇到金属表面密度很大的自由电子，使光振幅迅速衰减，大部分光能被反射而无法进入金属内部。金属的消光系数越大，光振幅衰减越迅速，光线就越不容易进入金属内部，反射率越高。故金属表现出高反射率和非透明性。由于镀膜的作用是为了光线的增强反射功能，因此应选择消光系数大，光学性质稳定的金属作为镀膜材料。光线的波长不同，金属的消光系数、反射率也有所变化。铝膜主要应用于紫外光区和可见光区，银膜主要应用于可见光区和红外光区，金膜和铜膜主要应用于可见光区，另外，金属铬膜和铂膜也常作一些特种薄膜。常见镀膜金属的折射率、消光系数和反射率见表 3-3。

表 3-3　常见镀膜金属的折射率、消光系数和反射率（ λ =589.3nm， θ_1=0° ）

金属类别	折射率 n	消光系数 k	反射率 ρ
银	0.18	3.64	95%
金	0.37	2.82	85%
铝	1.44	5.23	83%
水银	1.62	4.41	73%
铜	0.64	2.62	70%

因为金属的光学常数 n 和 k 与入射光波的波长有关，故金属的折、反射率和消光系数也随着入射波长的变化而改变。图 3-28 给出了实验测定的铝、铜、银和金的反射率随波长变化的曲线，可以看出，银和铝有很高的反射率，铜和金的反射率随波长变短而显著下降。

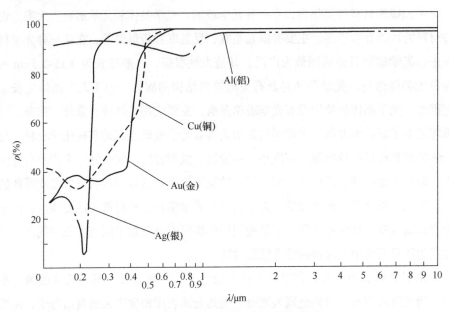

图 3-28 常见金属镀膜的反射率曲线

图 3-29 所示为铜、银两种金属的反射率随入射角的变化曲线。r_p 和 r_s 分别表示电向量振幅垂直和平行于入射面时的反射率。其他所有方向的反射率介于这两者之间。可以看出即使在正入射时，金属表面仍然有很高的反射率，而且银的反射率相差不大。

平面镜有背面镀膜与正面镀膜两种，其中普通平面镜采用背面镀膜，在投影光射向反射镜时，镀层要反射，玻璃表面也要反射，容易形成双影。与普通平面镜不同，正面镀膜的平面镜具有无重影、界面光损小、有介质膜保护和反射率高等优点。在可见光谱区（380~700nm）正面镀膜镜的平面镜反射率为 90%~95%，因此光能利用充分，成像效果更好。

在实验中一般均选取反射率和消光系数高、稳定性较高、表面平整的正面镀银反射膜光学玻璃作为平面镜。

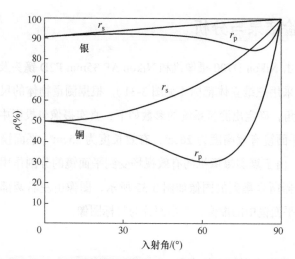

图 3-29　银、铜两种金属的反射率随入射角的变化曲线

3.7.4　图像采集卡

图像采集卡是视频信号从摄像机传输到电脑的桥梁。视频信号经过图像采集卡采集后转换成数字信号传输到计算机，以便进一步对图像进行处理、特征提取、识别、传输等。图像采集卡一般可以通过插槽插入计算机或者脱离计算机以独立板卡的形式使用。图像采集卡的组成如图 3-30 所示。

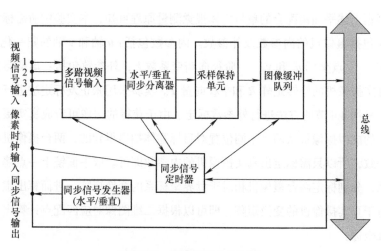

图 3-30　图像采集卡的组成

3.8 实验结果与分析

实验装置由 Nikon D700 摄像机和 Nikon AF 35mm F2D 镜头及一块平面镜组成，测量实验采用三维立体靶标（见图 3-31），根据测量物体的尺寸情况初选镜头焦距和视场角，确定出测量系统的参数如下：真实摄像机投影中心与原点的距离为 33cm，平面镜有效高度为 26cm，有效长度为 25cm（平面镜其余部分进行了有效遮挡）。由于真实摄像机的有效视场受到平面镜的分割作用，因而视场减小。视觉传感器所采集到的图像如图 3-32 所示，图像由左右两部分组成，右半部分为目标在平面镜中的虚像，左半部分为目标图像。

图 3-31 三维立体靶标图片

图 3-32 实验拍摄图片

根据上述平面镜配合的单目立体视觉测量原理可知，本实验中所需标定的参数主要包括摄像机的内参数及外参数。内参数包括：u 轴和 v 轴的归一化焦距 f/dx、f/dy，主点坐标 u_0 和 v_0，一阶径向畸变系数 k；外参数包括：虚拟摄像机相对于真实摄像机的旋转矩阵 R 和平移向量 T。实验采用张正友标定法进行内参数标定，采用 4.4 节的方法进行外参数标定。由于获得的图像可看成真实摄像机和镜面中的虚拟摄像机从两个不同位置对目标物体拍摄得到的，两台摄像机内参数完全一致，所以只需标定出真实摄像机的内参数即可。取平面镜上一点建立世界坐标系，分别标定两台摄像机相对于世界坐标系的变换矩阵，进而算出虚拟摄像机相对于真实摄像机的变换矩阵，即可以根据二维图像对应匹配点计算出空间点的三维坐标。

3.8.1　实验结果

经标定后的摄像机内参数（见表 3-4）以及虚拟摄像机到真实摄像机的变换矩阵如下：

表 3-4　摄像机内参数

归一化焦距 / 像素		主点坐标 / 像素		一阶径向畸变系数 k
f/dx	f/dy	u_0	v_0	
4097.90	4082.07	1391.68	1666.81	0.027

虚拟摄像机相对于真实摄像机的变换矩阵为

$$R = \begin{bmatrix} 0.9606 & -0.2767 & 0.0259 \\ 0.2354 & 0.9974 & -0.8259 \\ -0.0242 & 0.7899 & 0.9832 \end{bmatrix} \quad (3\text{-}40)$$

$$T = \begin{bmatrix} 93.1243 & -53.4958 & 454.2221 \end{bmatrix} \quad (3\text{-}41)$$

实验将传统双摄像机立体视觉检测系统也进行了标定，两台摄像机分别和本实验系统中的真实摄像机及虚拟摄像机的相对位置大致一致，以便将测量结果进行对比。

靶标上方格边长为 12.0mm，对于上表面来说，以左下角为原点，以向右、向上为正方向；对于前表面来说，以左上角为原点，以向右、向下为正方向，角点（方格）的位置以行和列来表示。采用该视觉测量方法及传统双目立体视觉测量方法分别计算上表面和前表面对应同色方格中心的距离，将计算得到的距离和实际距离以及采用传统双目立体视觉的方法得到的距离进行比较，结果见表 3-5。

表 3-5　计算距离和实际距离及传统方法计算的距离对比

角点位置	上表面	3 行 1 列	2 行 2 列	2 行 2 列	3 行 3 列	2 行 2 列
	前表面	3 行 1 列	3 行 1 列	2 行 2 列	2 行 2 列	3 行 3 列
标准距离 /mm		46.09	41.15	29.21	39.66	41.14
本实验方法得到的距离 /mm		46.54	41.52	29.44	39.98	41.56
传统方法得到的距离 /mm		46.51	40.74	29.46	40.03	41.54
本实验方法的误差率		0.98%	0.89%	0.79%	0.81%	1.02%
传统方法的误差率		0.91%	0.99%	0.86%	0.93%	0.97%

3.8.2 误差分析

从表 3-5 可以看出，采用本实验提出的测量方案计算得到的距离和采用传统双目方法计算得到的距离相差不大，并且都接近实际距离，本实验的平均误差率为 0.89%，传统双目方法的误差率为 0.93%，这主要是因为本实验的两台摄像机完全一致，避免了摄像机之间非严格同步造成的测量误差。实验证明了本书提出的采用单目立体视觉传感器结构设计方案是合理的，取得了预期结果，但实际得到的测量精度和理论试验值与基准值还有一定差距，原因可能有 3 方面：

1）在目前的实验中，在一个像面上同时采集特征的两个像，一方面造成成像有效视场范围减小，另一方面在同样的参数条件下，与单幅图像对物体成一个像相比，在一幅图像上成物体的两个像使被测物体所占的像素减小，分辨率降低，从而与传统的立体视觉测量结果相比测量精度较低。

2）图像处理算法还不完善，角点提取存在一定的误差，摄像机固有噪声和环境噪声也是产生测量误差的一个重要因素。

3）在实验中将靶标打印出来贴在方形靶标上，粘贴面无法做到完全水平，从而造成自身的基准精度存在误差。

尽管如此，平面镜配合的单目立体视觉与传统双目立体视觉相比基线距减半，因此结构可以做得很小，适合于对视觉系统体积和重量要求严格、需要近距离高精度测量的场合；此外由于平面镜的镜像作用，因此采集图像的两个摄像机完全一致，避免了双目或多目视觉传感器中摄像机之间非严格同步造成的测量误差；对于物体特征点的测量，只需一次采集就可以获得物体特征点的两幅图像，提高了测量速度，减小了工作量及计算过程，利于在线测量。

第4章　单目立体视觉参数标定

摄像机参数刻画了摄像机的内部结构以及与世界坐标系的关系。为了从图像中恢复三维空间物体的度量结构，首先要确定摄像机的相关参数。确定摄像机参数的过程通常又称为摄像机标定。传统标定方法是使用经过精密加工的三维靶标或二维靶标，通过靶标上的三维点与其在像平面内的像点间的对应关系计算出摄像机投影矩阵，然后将摄像机投影矩阵进行分解得到内外参数。本章在分析张正友标定法的基础上，主要介绍摄像机自标定技术，以射影几何理论中的绝对二次曲线和绝对二次曲面的投影性质为基础，仅从场景的多幅图像来确定摄像机内参数，这种方法不需精密加工的标定块，简单方便。为了后续的立体匹配和三维重建，还标定了摄像机的外参数。

4.1　摄像机投影模型

4.1.1　摄像机成像的参考坐标系

高速图像采集系统把摄像机拍摄的模拟图像转换成计算机能识别的数字图像，并传输给计算机。在计算机中，数字图像与数组对应，选取图像上一点建立数组的行和列表示图像中像素点的位置 (u, v)，该像素的数值即图像点的亮度（或称灰度）。如图 4-1 所示，在像平面上建立像素坐标系 $O_0 - uv$，则有

$$\begin{cases} u = x/dx + u_0 \\ v = y/dy + v_0 \end{cases} \tag{4-1}$$

像素坐标系描述的是像素点在像平面中的位置，并没有具体的物理意义。为了能够在像平面进行长度的度量，在像平面的几何中心位置再建立以长度为单位的图像坐标系 $O_1 - xy$。O_1 为该坐标系的原点，x 轴和 y 轴分别与 u、v 轴平行，如图 4-1 所示。其中 (u, v) 表示图像平面上某点的像素坐标，(x, y) 表示图像平面上某点的毫米坐标。在 $O_1 - xy$ 坐标系中，原点 O_1 为摄像机光轴与图像平面

的交点，又称为图像的主点。由于制造误差等影响，主点一般会偏离图像中央。若 O_1 在 O_0-uv 坐标系中坐标为 (u_0, v_0)，每一个像素在 x 轴和 y 轴方向上的物理尺寸为 dx、dy，则任意像点在两个坐标系下的转换关系为

$$\begin{cases} u_0 = u - x/dx \\ v_0 = v - y/dy \end{cases} \tag{4-2}$$

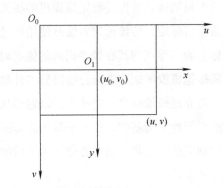

图 4-1　图像坐标系与像素坐标系的关系

用齐次坐标与矩阵形式将式（4-2）表示为

$$\begin{bmatrix} u \\ v \\ 1 \end{bmatrix} = \begin{bmatrix} 1/dx & 0 & u_0 \\ 0 & 1/dy & v_0 \\ 0 & 0 & 1 \end{bmatrix} \begin{bmatrix} x \\ y \\ 1 \end{bmatrix} \tag{4-3}$$

以摄像机光心为原点建立摄像机坐标系 O_c-$X_cY_cZ_c$，如图 4-2 所示，其中 O_c 为摄像机的光心，X_c 轴和 Y_c 轴分别平行于图像坐标系的 x 轴和 y 轴，Z_c 轴垂直于成像平面。

由于摄像机和三维物体可以在空间任意放置，因此还需要一个能描述摄像机和空间三维物体相对位置的坐标系，即世界坐标系 O_w-$X_wY_wZ_w$。该坐标系仅用作一般参考，物体在该坐标系的坐标并不是其绝对坐标，只是一个相对坐标，坐标系的原点可根据具体情况来设定。在计算机视觉中，通常在物体上选取一点建立世界坐标系或直接采用摄像机坐标系作为世界坐标系。

旋转矩阵 **R** 和平移向量 **T** 是指摄像机坐标系相对于世界坐标系的位姿变化关系。设空间中在世界坐标系和摄像机坐标系下某三维点 P 的齐次坐标分别为

$P_w\,(\,X_w,\,Y_w,\,Z_w,\,1\,)$ 和 $P_c\,(\,X_c,\,Y_c,\,Z_c,\,1\,)$，则它们之间存在如下关系：

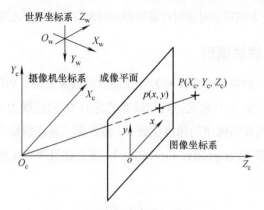

图 4-2　摄像机坐标系与世界坐标系

$$
\begin{bmatrix} X_c \\ Y_c \\ Z_c \\ 1 \end{bmatrix} = \begin{bmatrix} \boldsymbol{R} & \boldsymbol{T} \\ \boldsymbol{0}^T & 1 \end{bmatrix} \begin{bmatrix} X_w \\ Y_w \\ Z_w \\ 1 \end{bmatrix} = \boldsymbol{M}_1 \begin{bmatrix} X_w \\ Y_w \\ Z_w \\ 1 \end{bmatrix} \tag{4-4}
$$

其中，$\boldsymbol{0} = (\,0,\,0,\,0\,)^T$，$\boldsymbol{M}_1$ 为 4×4 矩阵，表示两个坐标系之间的关系。$\boldsymbol{R}$ 为 3×3 矩阵，T 为三维平移向量，可表示为

$$
\boldsymbol{R} = \begin{bmatrix} r_{11} & r_{12} & r_{13} \\ r_{21} & r_{22} & r_{23} \\ r_{31} & r_{32} & r_{33} \end{bmatrix}, \quad \boldsymbol{T} = \begin{bmatrix} t_x & t_y & t_z \end{bmatrix}^T \tag{4-5}
$$

其中

$$
\begin{cases}
r_{11} = \cos\gamma\cos\beta \\
r_{12} = \cos\gamma\sin\beta\sin\alpha - \sin\gamma \\
r_{13} = \cos\gamma\sin\beta\cos\alpha - \sin\gamma\sin\alpha \\
r_{21} = \sin\gamma\cos\beta \\
r_{22} = \sin\gamma\sin\beta\sin\alpha + \cos\gamma\cos\alpha \\
r_{23} = \sin\gamma\sin\beta\cos\alpha + \cos\gamma\sin\alpha \\
r_{31} = -\sin\beta \\
r_{32} = \cos\beta\sin\alpha \\
r_{33} = \cos\beta\cos\alpha
\end{cases} \tag{4-6}
$$

旋转的角度是这样定义的：绕 x 轴旋转 α，绕 y 轴旋转 β，绕 z 轴旋转 γ。从坐标系原点沿各轴正方向观察时逆时针旋转得到的角度为正，反之得到的角度为负。

4.1.2　摄像机线性模型

线性透视投影摄像机模型又称为针孔摄像机成像模型。如图 4-3 所示，对于任一给定的三维空间点 P 来说，其与摄像机光心 O_c 的连线为 O_cP，O_cP 与图像平面的交点即为其在图像中的像点位置 p。该投影关系在投影几何学上也称为中心射影或透视投影（Perspective Projection）。该点在摄像机坐标系和图像坐标系之间的关系为

$$\begin{cases} x = f\,X_c / Z_c \\ y = f\,Y_c / Z_c \end{cases} \tag{4-7}$$

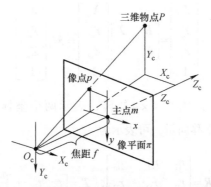

图 4-3　摄像机坐标系和图像坐标系的关系

式（4-7）中（x, y）为像点 p 在图像坐标系下的坐标，(X_c, Y_c, Z_c) 为该空间点 P 在摄像机坐标系下的坐标。f 为 x_c、y_c 所在平面与成像平面的距离，是摄像机的焦距。上述透视投影关系也可以采用齐次坐标和矩阵的形式描述：

$$\lambda \begin{bmatrix} x \\ y \\ 1 \end{bmatrix} = \begin{bmatrix} f & 0 & 0 & 0 \\ 0 & f & 0 & 0 \\ 0 & 0 & 1 & 0 \end{bmatrix} \begin{bmatrix} X_c \\ Y_c \\ Z_c \\ 1 \end{bmatrix} = \boldsymbol{P} \begin{bmatrix} X_c \\ Y_c \\ Z_c \\ 1 \end{bmatrix} \tag{4-8}$$

其中，λ 为比例因子，$\boldsymbol{P}$ 为透视投影矩阵。由以上公式可得，以世界坐标系表示的 P 点坐标与其投影点 p 的坐标（u, v）的关系为

$$\lambda \begin{bmatrix} u \\ v \\ 1 \end{bmatrix} = \begin{bmatrix} 1/\mathrm{d}x & 0 & u_0 \\ 0 & 1/\mathrm{d}y & v_0 \\ 0 & 0 & 1 \end{bmatrix} \begin{bmatrix} f & 0 & 0 \\ 0 & f & 0 \\ 0 & 0 & 1 \end{bmatrix}$$

$$\left(\begin{bmatrix} r_{11} & r_{12} & r_{13} \\ r_{21} & r_{22} & r_{23} \\ r_{31} & r_{32} & r_{33} \end{bmatrix} \begin{bmatrix} X_{\mathrm{w}} \\ Y_{\mathrm{w}} \\ Z_{\mathrm{w}} \end{bmatrix} + \begin{bmatrix} t_1 \\ t_2 \\ t_3 \end{bmatrix} \right) = \boldsymbol{K} \begin{bmatrix} \boldsymbol{R} & | & \boldsymbol{T} \end{bmatrix} P_{\mathrm{w}}$$

$$(4\text{-}9)$$

式（4-9）和图 4-4 表示了空间一点从世界坐标系经过摄像机坐标系到图像坐标系再到像素坐标系的变换过程。

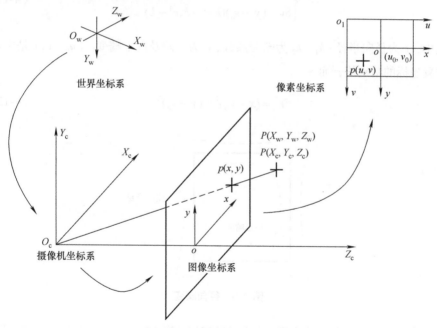

图 4-4　不同坐标系之间的转换关系

4.1.3　摄像机非线性模型

实际上，由于物理光学的绕射影响、实际镜头选用的材料、镜头制造的精度以及镜片的结构等因素，实际的镜头总是带有不同程度的畸变，使得空间点所成的像并不在上述线性透视投影模型所描述的理想位置 $p(x, y)$，而是位于与理想的成像位置有所偏离的实际位置 $p'(x', y')$ 处。

$$\begin{cases} x = x' + \delta x \\ y = y' + \delta y \end{cases} \tag{4-10}$$

其中，δx 和 δy 是非线性畸变值，畸变值的大小与像点在像平面中的实际位置有关。一般来说镜头会同时存在径向和切向两种畸变，但由于切向畸变比较小，可将其忽略，只考虑径向畸变。径向畸变指像点产生径向位置的偏差，分为正向畸变和负向畸变，正向畸变称为枕形畸变，负向畸变称为桶形畸变，如图 4-5 所示。可以通过距离图像中心的径向距离的偶次幂多项式模型来表示径向畸变，即

$$\begin{cases} \delta x = (x' - u_0)(k_1 r^2 + k_2 r^4 + L) \\ \delta y = (y' - v_0)(k_1 r^2 + k_2 r^4 + L) \end{cases} \tag{4-11}$$

式中，r 为径向半径；k_1、k_2 为畸变系数；L 为三阶及以上畸变。(u_0, v_0) 是主点位置坐标的精确值，而

$$r^2 = (x' - u_0)^2 + (y' - v_0)^2 \tag{4-12}$$

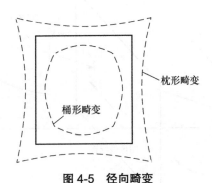

图 4-5 径向畸变

式（4-12）表明，x 方向和 y 方向的畸变相对值（$\delta x/x$，$\delta y/y$）与径向尺寸有关，它们满足比例关系。越靠近图像边缘处，畸变越大。对于通常使用的机器视觉来说，精度要求不是很高，一阶径向畸变已足以消除非线性畸变带来的误差，有

$$\begin{cases} \delta x = (x' - u_0)k_1 r^2 \\ \delta y = (y' - v_0)k_1 r^2 \end{cases} \tag{4-13}$$

4.1.4 需要标定的摄像机参数

在建立摄像机的模型后，为了能通过摄像机建立摄像机像平面坐标与空间点的三维坐标之间的关系，需要对摄像机的有关参数进行标定。摄像机参数主要有透视变换参数、畸变系数、外参数等，根据选用的模型不同，需要标定的参数也有所不同。这些参数见表 4-1。

表 4-1 摄像机模型参数

摄像机参数	表达式	自由度
透视变换	$A = \begin{bmatrix} \alpha_x & \gamma & u_0 \\ 0 & \alpha_y & v_0 \\ 0 & 0 & 1 \end{bmatrix} = \begin{bmatrix} f/\mathrm{d}x & \gamma & u_0 \\ 0 & f/\mathrm{d}y & v_0 \\ 0 & 0 & 1 \end{bmatrix}$	5
径向畸变、切向畸变	k_1, k_2, p_1, p_2	4
外参数	$R = \begin{bmatrix} r_{11} & r_{12} & r_{13} \\ r_{21} & r_{22} & r_{23} \\ r_{31} & r_{32} & r_{33} \end{bmatrix}$, $T = \begin{bmatrix} t_1 \\ t_2 \\ t_3 \end{bmatrix}$	6

表 4-1 中，α_x、α_y、u_0、v_0、γ 是线性模型的内参数。其中，α_x、α_y 分别为 u 轴和 v 轴的尺度因子，或者称为有效焦距，即 $\alpha_x = f/\mathrm{d}x$，$\alpha_y = f/\mathrm{d}y$，$\mathrm{d}x$、$\mathrm{d}y$ 分别为水平方向和垂直方向的像元间距，(u_0, v_0) 是图像的光学中心，γ 为 u 轴和 v 轴的不垂直因子，在很多情况下取 $\gamma = 0$。R 和 T 是旋转矩阵和平移向量，称为摄像机的外参数；对应非线性模型内参数除了 α_x、α_y、u_0、v_0 和 γ，还包括径向畸变系数 k_1、k_2 和切向畸变系数 p_1、p_2。

4.2 摄像机内参数标定方法

摄像机参数标定方法很多，最常用的有基于透视投影变换的参数标定法、基于非线性优化的参数标定法、基于径向约束的两步参数标定法以及自标定法。

1）基于透视投影变换的参数标定法是采用最小二乘法直接对线性方程组进行求解，获得摄像机的内外参数，该方法采用线性求解，求解速度快，但由于忽略了镜头的畸变，导致标定结果精度较低，适合于要求标定速度快、精度要求不高的场合。

2）基于非线性优化的参数标定法是以透视投影变换标定的参数为初值，通过采用 Levenberg-Marquardt（LM）、Newton Raphson（NR）等优化算法对初值进行迭代以求得精确的参数。该方法精确设计了摄像机的模型，考虑了非线性因素，因此求解精度较高，但该方法最终的求解结果却取决于设定的初值，如果初值设定的不合适，则算法在迭代过程中可能陷入局部而无法找到全局的极值点，从而导致求解结果不准确，同时该标定方法考虑了非线性因素，因此标定计算量大，标定速度慢。

3）基于径向约束的两步参数标定法在进行参数求解过程中共分成两个步骤，首先利用最小二乘法解超定线性方程组求解摄像机外参数，然后采用一个超定线性方程求解摄像机内参数，如果存在径向畸变，则可对上一步的求解结果进行非线性优化以获得包含畸变系数在内的所有摄像机参数。该方法计算量适中，精度较高。属于两步法的标定方法主要有 Roger Tsai、Weng 以及张正友等提出的算法。

4）自标定法对标定靶标要求不严格，视场中的三维景物都可以作为标定参照来进行摄像机参数的标定，由于其方便、快捷，目前已成为标定方法中研究的热点。本节将首先介绍张正友标定法，之后重点讨论基于正交消失点对的自标定法，最后对单目立体视觉系统的外参数标定法进行探讨。

4.2.1 基于线性变换的摄像机标定

Abdal-Aziz 和 Karara 于 20 世纪 70 年代初提出了基于直接线性变换的原理进行摄像机标定的方法，他们从摄影测量学的角度深入地研究了摄像机图像和环境物体之间的关系，建立了摄像机成像几何的线性模型，这种线性模型参数的估计完全可以由线性方程的求解来实现。

直接线性变换是将像点和物点的成像几何关系在齐次坐标下写成透视投影矩阵的形式，即

$$s_i \begin{bmatrix} u_i \\ v_i \\ 1 \end{bmatrix} = \begin{bmatrix} m_{11} & m_{12} & m_{13} & m_{14} \\ m_{21} & m_{22} & m_{23} & m_{24} \\ m_{31} & m_{32} & m_{33} & m_{34} \end{bmatrix} \begin{bmatrix} X_{wi} \\ Y_{wi} \\ Z_{wi} \\ 1 \end{bmatrix} \qquad (4\text{-}14)$$

其中，$(X_{wi}, Y_{wi}, Z_{wi}, 1)$ 为 3D 立体靶标第 i 个点的坐标；$(u_i, v_i, 1)$ 为第 i 个点的图像坐标，m_{ij} 为投影矩阵 M 的第 i 行第 j 列元素。式（4-14）包含 3 个方程，即

$$\begin{cases} s_i u_i = m_{11} X_{wi} + m_{12} Y_{wi} + m_{13} Z_{wi} + m_{14} \\ s_i v_i = m_{21} X_{wi} + m_{22} Y_{wi} + m_{23} Z_{wi} + m_{24} \\ s_i = m_{31} X_{wi} + m_{32} Y_{wi} + m_{33} Z_{wi} + m_{34} \end{cases} \quad （4\text{-}15）$$

将式（4-15）的第一式除第三式，第二式除第三式，分别消去 s_i 后，可以得到两个关于 m_{ij} 的线性方程为

$$\begin{cases} X_{wi} m_{11} + Y_{wi} m_{12} + Z_{wi} m_{13} + m_{14} - u_i X_{wi} m_{31} - u_i Y_{wi} m_{32} - u_i Z_{wi} m_{33} = u_i m_{34} \\ X_{wi} m_{21} + Y_{wi} m_{22} + Z_{wi} m_{23} + m_{24} - v_i X_{wi} m_{31} - v_i Y_{wi} m_{32} - v_i Z_{wi} m_{33} = v_i m_{34} \end{cases} \quad （4\text{-}16）$$

式（4-16）表示，如果靶标上有 n 个特征点，并且已知它们的空间坐标为 (X_{wi}, Y_{wi}, Z_{wi})，$i = 1, 2, \cdots n$，图像坐标为 (u_i, v_i)，$i = 1, 2, \cdots n$，就可以采用直接线性变化的方式解出 M 的元素。对于 n 个特征点，有 $2n$ 个关于 M 矩阵元素的线性方程，用矩阵形式表示为

$$\begin{bmatrix} X_{w1} & Y_{w1} & Z_{w1} & 1 & 0 & 0 & 0 & 0 & -u_1 X_{w1} & -u_1 Y_{w1} & -u_1 Z_{w1} \\ 0 & 0 & 0 & 0 & X_{w1} & Y_{w1} & Z_{w1} & 1 & -v_1 X_{w1} & -v_1 Y_{w1} & -v_1 Z_{w1} \\ \vdots & \vdots & \vdots & \vdots & \vdots & \vdots & \vdots & \vdots & \vdots & \vdots & \vdots \\ X_{wn} & Y_{wn} & Z_{wn} & 1 & 0 & 0 & 0 & 0 & -u_n X_{wn} & -u_n Y_{wn} & -u_n Z_{wn} \\ 0 & 0 & 0 & 0 & X_{wn} & Y_{wn} & Z_{wn} & 1 & -v_n X_{wn} & -v_n Y_{wn} & -v_n Z_{wn} \end{bmatrix} \begin{bmatrix} m_{11} \\ m_{12} \\ m_{13} \\ m_{14} \\ m_{21} \\ m_{22} \\ m_{23} \\ m_{24} \\ m_{31} \\ m_{32} \\ m_{33} \end{bmatrix} = \begin{bmatrix} u_1 m_{34} \\ v_1 m_{34} \\ \vdots \\ u_n m_{34} \\ v_n m_{34} \end{bmatrix}$$

$$（4\text{-}17）$$

实际上，M 乘以任意不为零的常数并不影响 (X_w, Y_w, Z_w) 与 (u, v) 的关系，因此在式（4-17）中可以指定 $m_{34} = 1$，从而得到关于 M 矩阵其他元素的 $2n$ 个线性方程，这些未知元素的个数为 11 个，记为 11 维向量，将式（4-17）改写为

$$Km = U \qquad (4\text{-}18)$$

其中，K 为 $2n \times 11$ 矩阵，m 为未知的 11 维向量，U 为 $2n$ 维向量，K、U 为已知向量。对于式（4-18），可以利用线性方程组的常规解法求出 M 矩阵。当 $2n > 11$ 时候，可以利用最小二乘法解得

$$m = (K^{\mathrm{T}}K)^{-1}K^{\mathrm{T}}U \qquad (4\text{-}19)$$

求出 M 矩阵后，还需要计算摄像机的全部外参数。将 M 矩阵和摄像机外参数的关系写成

$$\begin{bmatrix} m_{11} & m_{12} & m_{13} & m_{14} \\ m_{21} & m_{22} & m_{23} & m_{24} \\ m_{31} & m_{32} & m_{33} & m_{34} \end{bmatrix} = \begin{bmatrix} \alpha_x & 0 & u_0 & 0 \\ 0 & \alpha_y & v_0 & 0 \\ 0 & 0 & 1 & 0 \end{bmatrix} \begin{bmatrix} r_1^{\mathrm{T}} & t_x \\ r_2^{\mathrm{T}} & t_y \\ r_3^{\mathrm{T}} & t_z \\ 0^{\mathrm{T}} & 1 \end{bmatrix} \qquad (4\text{-}20)$$

即

$$m_{34}\begin{bmatrix} m_1^{\mathrm{T}} & m_{14} \\ m_2^{\mathrm{T}} & m_{24} \\ m_3^{\mathrm{T}} & 1 \end{bmatrix} = \begin{bmatrix} \alpha_x r_1^{\mathrm{T}} + u_0 r_3^{\mathrm{T}} & \alpha_x t_x + u_0 t_z \\ \alpha_y r_2^{\mathrm{T}} + v_0 r_3^{\mathrm{T}} & \alpha_y t_y + v_0 t_z \\ r_3^{\mathrm{T}} & t_z \end{bmatrix} \qquad (4\text{-}21)$$

然后得到 $m_{34}m_3 = r_3$，由于 r_3 是正交单位矩阵的第 3 行，故而有 $|r_3| = 1$。因此，可以根据 $m_{34}|m_3| = 1$ 求出 $m_{34} = 1/|m_3|$。根据式（4-21）求得

$$\begin{cases} r_3 = m_{34}m_3 \\ u_0 = (\alpha_x r_1^{\mathrm{T}} + u_0 r_3^{\mathrm{T}})r_3 = m_{34}^2 m_1^{\mathrm{T}} m_3 \\ v_0 = (\alpha_y r_2^{\mathrm{T}} + v_0 r_3^{\mathrm{T}})r_3 = m_{34}^2 m_2^{\mathrm{T}} m_3 \\ \alpha_x = m_{34}^2 |m_1 \times m_3| \\ \alpha_y = m_{34}^2 |m_2 \times m_3| \end{cases} \qquad (4\text{-}22)$$

$$\begin{cases} r_1 = \dfrac{m_{34}}{\alpha_x}(m_1 - u_0 m_3) \\[2mm] r_2 = \dfrac{m_{34}}{\alpha_y}(m_2 - v_0 m_3) \\[2mm] t_z = m_{34} \\[2mm] t_x = \dfrac{m_{34}}{\alpha_x}(m_{14} - u_0) \\[2mm] t_y = \dfrac{m_{34}}{\alpha_y}(m_{24} - v_0) \end{cases} \qquad (4\text{-}23)$$

由此可以看出，只要已知空间中 6 个以上的点和其对应的图像坐标系，就能够求出 M 矩阵，然后根据式（4-22）和式（4-23）求出摄像机的内外参数。

4.2.2　基于径向约束的摄像机标定

Roger Tsai 给出了一种基于径向约束的两步参数标定法。该方法的第一步是利用最小二乘法解超定线性方程，给出外参数。第二步求解内参数，如果摄像机无透镜畸变，可以由一个超定线性方程解出。如果存在径向畸变，则可结合非线性优化的方法获得全部参数。该方法计算量适中，精度较高，平均精度可达1/4000，深度方向精度可达 1/8000。

Roger Tsai 的两步参数标定法是基于以下径向排列约束实现的。

1. 径向排列约束

如图 4-6 所示，按照理想的透视投影关系，空间点 $P(x, y, z)$ 在摄像机像平面上的像点为 $p(X_u, Y_u)$，但是由于镜头的径向畸变，其实际的像点为 $p'(X_d, Y_d)$，它与 $P(x, y, z)$ 之间不符合透视投影关系。

由图（4-6）可以看出，$\overline{O_i p'}$ 与 $\overline{P_{Oz} P}$ 的方向一致，且径向畸变不改变 $\overline{O_i p'}$ 的方向，即 $\overline{O_i p'}$ 方向始终与 $\overline{O_i p}$ 的方向一致。其中 O_i 是图像中心，P_{Oz} 坐标为（0，0，z），这样径向约束可以表示为

$$\overline{O_i p'} \,/\!/\, \overline{O_i p} \,/\!/\, \overline{P_{Oz} P} \qquad (4\text{-}24)$$

由成像模型可以知道，径向畸变不改变 $\overline{O_i p'}$ 的方向。因此，无论有无透镜畸变都不影响上述事实。有效焦距 f 的变化也不会影响上述事实，因为 f 的变化只

会改变$\overline{O_i p'}$的长度而不会改变方向。这样就意味着由径向约束所推导的任何关系都与有效焦距f和畸变系数k无关。

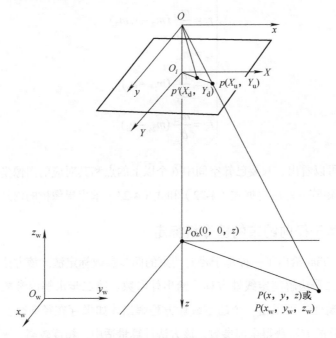

图 4-6 考虑镜头径向畸变的摄像机模型

假设标定点位于绝对坐标系中某一平面中，并假设摄像机相对这个平面的位置关系满足下面两个重要的条件：

1）绝对坐标系中的原点不在视场范围内。

2）绝对坐标系中的原点不会投影到图像上接近于图像平面坐标系的Y轴。

条件1）消除了透视变形对摄像机常数和标定平面距离的影响，条件2）保证了刚体平移的Y分量不会接近于0，因为Y分量常常出现在下面引入的许多方程的分母中。这两个条件在许多成像场合下很容易满足。

2. 径向约束两步法标定过程

由摄像机坐标系和世界坐标系的关系可以得到

$$\begin{cases} x = r_1 x_w + r_2 y_w + r_3 z_w + T_x \\ y = r_4 x_w + r_5 y_w + r_6 z_w + T_y \\ z = r_7 x_w + r_8 y_w + r_9 z_w + T_z \end{cases} \tag{4-25}$$

由径向约束可以得到

$$\frac{x}{y} = \frac{X_d}{Y_d} = \frac{r_1 x_w + r_2 y_w + r_3 z_w + T_x}{r_4 x_w + r_5 y_w + r_6 z_w + T_y} \quad (4\text{-}26)$$

将式（4-26）整理得到

$$x_w Y_d r_1 + y_w Y_d r_2 + z_w Y_d r_3 + Y_d T_x - x_w X_d r_4 - y_w X_d r_5 - z_w X_d r_6 = X_d T_y \quad (4\text{-}27)$$

式（4-27）两端除以 T_y，得到

$$\frac{x_w Y_d r_1}{T_y} + \frac{y_w Y_d r_2}{T_y} + \frac{z_w Y_d r_3}{T_y} + \frac{Y_d T_x}{T_y} - \frac{x_w X_d r_4}{T_y} - \frac{y_w X_d r_5}{T_y} - \frac{z_w X_d r_6}{T_y} = X_d \quad (4\text{-}28)$$

将式（4-28）写为向量的形式：

$$\begin{bmatrix} x_w Y_d & y_w Y_d & z_w Y_d & Y_d & -x_w X_d & -y_w X_d & -z_w X_d \end{bmatrix} \begin{bmatrix} r_1/T_y \\ r_2/T_y \\ r_3/T_y \\ T_x/T_y \\ r_4/T_y \\ r_5/T_y \\ r_6/T_y \end{bmatrix} = X_d \quad (4\text{-}29)$$

其中，行向量 $[x_w Y_d \ \ y_w Y_d \ \ z_w Y_d \ \ Y_d \ \ -x_w X_d \ \ -y_w X_d \ \ -z_w X_d]$ 是已知的，而列向量是待求的参数。

实际图像 $P'(X_d, Y_d)$ 到计算机图像 (u_d, v_d) 的变化为

$$\begin{cases} u_d = s_x^{-1} d_x'^{-1} X_d + u_0 \\ v_d = d_y^{-1} Y_d + v_0 \end{cases} \quad (4\text{-}30)$$

其中，$d_x' = d_x N_{cx}/N_{fx}$，d_x 为摄像机在 x 方向的像素间距，d_y 为摄像机在 y 方向的像素间距，N_{cx} 为摄像机在 x 方向的像素数，N_{fx} 为计算机在 x 方向采集到的行像素数，s_x 为图像尺度因子，(u_0, v_0) 为光学中心。

上述是基于由共面标定点的求解方法。由于共面标定点的方法不能求解出 s_x，因此一般使用较少。下面介绍基于非共面标定点的求解方法。

采用 N 个非共面点进行标定，计算机图像坐标为 (u_{di}, v_{di})，相应三维世界坐标为 (x_{wi}, y_{wi}, z_{wi})，$i = 1, 2, \cdots, N$，则标定过程分为以下几步：

（1）求解旋转矩阵 R，平移向量 T 的 t_x、t_y 分量以及图像尺度因子 s_x

1）设 $s_x = 1$，(u_0, v_0) 为计算机平面的中心点坐标，依式（4-30）由获得的计算机图像坐标 (u_{di}, v_{di}) 计算出实际图像坐标 (X_{di}, Y_{di})。

2）由径向约束条件，且 $z_w \neq 0$，则式（4-29）写成

$$[x_w Y_{di} \quad y_w Y_{di} \quad z_w Y_{di} \quad Y_{di} \quad -x_w X_{di} \quad -y_w X_{di} \quad -z_w X_{di}] \begin{bmatrix} s_x r_1 / T_y \\ s_x r_2 / T_y \\ s_x r_3 / T_y \\ s_x T_x / T_y \\ r_4 / T_y \\ r_5 / T_y \\ r_6 / T_y \end{bmatrix} = X_{di} \quad (4\text{-}31)$$

由此可以计算出 $[s_x r_1/T_y \quad s_x r_2/T_y \quad s_x r_3/T_y \quad s_x T_x/T_y \quad r_4/T_y \quad r_5/T_y \quad r_6/T_y]^{\mathrm{T}}$。

3）令 $a_1 = s_x r_1/T_y$，$a_2 = s_x r_2/T_y$，$a_3 = s_x r_3/T_y$，$a_4 = s_x T_x/T_y$，$a_5 = r_4/T_y$，$a_6 = r_5/T_y$，$a_7 = r_6/T_y$，则

$$\begin{aligned} (a_5^2 + a_6^2 + a_7^2)^{-1/2} &= [(T_y^{-1} r_4)^2 + (T_y^{-1} r_5)^2 + (T_y^{-1} r_6)^2]^{-1/2} \\ &= |T_y| (r_4^2 + r_5^2 + r_6^2)^{-1/2} \end{aligned} \quad (4\text{-}32)$$

4）计算 s_x

$$s_x = (a_1^2 + a_2^2 + a_3^2)^{1/2} |T_y| \quad (4\text{-}33)$$

5）由下面方法确定 T_y 的符号并且同时得到 $r_1 \sim r_9$ 及 T_x。由于 X_d 与 x、Y_d 与 y 具有相同的符号，则先假设 T_y 符号为正，在标定点中任意选择一个点，进行如下计算：

① 计算 r_1、r_3、r_4、x、y。

$$\begin{cases} r_1 = (T_y^{-1} s_x r_1) T_y / s_x, r_2 = (T_y^{-1} s_x r_2) T_y / s_x \\ r_3 = (T_y^{-1} s_x r_3) T_y / s_x, T_x = (T_y^{-1} s_x T_x) T_y / s_x \\ r_4 = (T_y^{-1} r_4) T_y, r_5 = (T_y^{-1} r_5) T_y, r_6 = (T_y^{-1} r_6) T_y \\ x = r_1 x_w + r_2 y_w + r_3 z_w + T_x \\ y = r_4 x_w + r_5 y_w + r_6 z_w + T_y \end{cases} \quad (4\text{-}34)$$

② 若 X_d 与 x 符号相同且 Y_d 与 y 符号相同，则 T_y 符号为正，否则，T_y 符号为负。

③ 根据 $\boldsymbol{R}$ 的正交性，计算 r_7、r_8、r_9。

$$\begin{bmatrix} r_7 \\ r_8 \\ r_9 \end{bmatrix} = \begin{bmatrix} r_1 \\ r_2 \\ r_3 \end{bmatrix} \begin{bmatrix} r_4 \\ r_5 \\ r_6 \end{bmatrix} \tag{4-35}$$

（2）求解有效焦距 f，T 的 T_z 分量和透镜畸变系数 k。

对每一个特征点，不考虑畸变有

$$\frac{Y_{di}}{f} = \frac{y_i}{z_i} \tag{4-36}$$

令 $f = 0$，(u_0, v_0) 为计算机屏幕的中心点坐标，则得到

$$\begin{bmatrix} y_i - \mathrm{d}y(v_{di} - v_0) \end{bmatrix} \begin{bmatrix} f \\ T_z \end{bmatrix} = w_i \mathrm{d}y(v_{di} - v_0) \tag{4-37}$$

其中，$y_i = r_4 x_{wi} + r_5 y_{wi} + r_6 z_{wi} + T_y$，$w_i = r_7 x_{wi} + r_8 y_{wi} + r_9 z_{wi}$，解由式（4-37）构成的超定方程组，即可得到 f、T_z 的初始值。

接下来取 k 的初始值为 0，(u_0, v_0) 的初始值为计算机屏幕的中心点坐标，解下列非线性方程组，进行优化搜索即可以得到 f、k、T_z 及 (u_0, v_0) 的精确解。

$$\begin{cases} X_{di}(1+k^2) = f(r_1 x_{wi} + r_2 y_{wi} + r_3 z_{wi} + T_x)/(r_7 x_{wi} + r_8 y_{wi} + r_9 z_{wi} + T_z) \\ Y_{di}(1+k^2) = f(r_4 x_{wi} + r_4 y_{wi} + r_6 z_{wi} + T_y)/(r_7 x_{wi} + r_8 y_{wi} + r_9 z_{wi} + T_z) \end{cases} \tag{4-38}$$

4.2.3　张正友标定法

与其他标定方法相比，张正友标定法采用二维靶标，靶标可以使用普通的打印机制作，降低了靶标的制作难度，同时又拥有较高的标定精度。在标定时，摄像机和 2D 平面靶标都可以自由移动。只需要摄像机从不同的角度对平面靶标进行多次成像，通过同一三维物点与其在每幅图像上的像点之间的透视投影关系来求解摄像机的内参数。对获取的内参数进行非线性优化，得到含有畸变系数的内参数，最后利用单应性矩阵求出外参数。该方法不需要知道摄像机和靶标的运动参数，非常灵活方便。

将靶标平面上的三维点 P 记为 $M = (X_\mathrm{w}, Y_\mathrm{w}, Z_\mathrm{w})$，其图像平面上的二维点记为 $\boldsymbol{m} = [u, v]^\mathrm{T}$。相应的齐次坐标为 $\overline{M} = (X_\mathrm{w}, Y_\mathrm{w}, Z_\mathrm{w}, 1)$，$\overline{\boldsymbol{m}} = [u, v, 1]^\mathrm{T}$。根据摄像机针孔成像模型，可以得到空间点 M 与图像点 p 之间的射影关系为

$$s\overline{\boldsymbol{m}} = A[\boldsymbol{R}\ \boldsymbol{T}]\overline{M} \qquad (4\text{-}39)$$

s 为一任意的非零尺度因子，其余参数含义见 4.1 节。式（4-39）可写成

$$s\begin{bmatrix} u \\ v \\ 1 \end{bmatrix} = A[\boldsymbol{R}\ \boldsymbol{T}]\begin{bmatrix} X_\mathrm{w} \\ Y_\mathrm{w} \\ Z_\mathrm{w} \\ 1 \end{bmatrix} = A[r_1\ r_2\ r_3\ \boldsymbol{T}]\begin{bmatrix} X_\mathrm{w} \\ Y_\mathrm{w} \\ Z_\mathrm{w} \\ 1 \end{bmatrix} \qquad (4\text{-}40)$$

设世界坐标系的 $X_\mathrm{w}Y_\mathrm{w}$ 平面与标定模板所在的平面重合，即 $Z_\mathrm{w} = 0$，如图 4-7 所示，则式（4-40）可变为

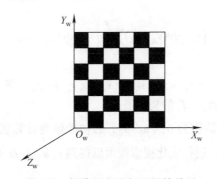

图 4-7　摄像机各坐标之间的关系

$$s\begin{bmatrix} u \\ v \\ 1 \end{bmatrix} = A[\boldsymbol{R}\ \boldsymbol{T}]\begin{bmatrix} X_\mathrm{w} \\ Y_\mathrm{w} \\ 0 \\ 1 \end{bmatrix} = A[r_1\ r_2\ \boldsymbol{T}]\begin{bmatrix} X_\mathrm{w} \\ Y_\mathrm{w} \\ 1 \end{bmatrix} \qquad (4\text{-}41)$$

其中，r_i 表示旋转矩阵 $\boldsymbol{R}$ 的第 i 列向量。令 $\tilde{M} = [X\ Y\ 1]^\mathrm{T}$，$\tilde{\boldsymbol{m}} = [u\ v\ 1]^\mathrm{T}$，则式（4-41）可简写为

$$s\tilde{\boldsymbol{m}} = H\tilde{M} \qquad (4\text{-}42)$$

其中

$$H = A\begin{bmatrix} r_1 & r_2 & T \end{bmatrix} = \begin{bmatrix} h_1 & h_2 & h_3 \end{bmatrix} = \begin{bmatrix} h_{11} & h_{12} & h_{13} \\ h_{21} & h_{22} & h_{23} \\ h_{31} & h_{32} & 1 \end{bmatrix} \tag{4-43}$$

H 即为单应性矩阵。由式（4-42）可以得出

$$\begin{cases} su = h_{11}X + h_{12}Y + h_{13} \\ sv = h_{21}X + h_{22}Y + h_{23} \\ s = h_{31}X + h_{32}Y + 1 \end{cases} \tag{4-44}$$

从而得到

$$\begin{cases} uXh_{31} + uYh_{32} + u = h_{11}X + h_{12}Y + h_{13} \\ vXh_{31} + vYh_{32} + v = h_{21}X + h_{22}Y + h_{23} \end{cases} \tag{4-45}$$

令

$$h' = \begin{bmatrix} h_{11} & h_{12} & h_{13} & h_{21} & h_{22} & h_{23} & h_{31} & h_{32} & 1 \end{bmatrix} \tag{4-46}$$

则

$$\begin{bmatrix} X & Y & 1 & 0 & 0 & 0 & -uX & -uY & -u \\ 0 & 0 & 0 & X & Y & 1 & -vX & -vY & -v \end{bmatrix} (h')^{\mathrm{T}} = 0 \tag{4-47}$$

式（4-47）可简写为 $S(h')^{\mathrm{T}} = 0$，则矩阵 $S^{\mathrm{T}}S$ 的最小特征值所对应的特征向量就是该方程的最小二乘解。再将解归一化得到所需的 h'，从而可以求得 H。由于线性解法没有考虑畸变的影响，所得的解一般不是最优解，因此可以选取式（4-47）构建评价函数，采用 Levenberg-Marquarat 算法进行优化，得到更高精度的解。

由于上述步骤中求得的 H 可能和真实的 H 相差一个比例因子，因此将式（4-42）写成

$$\begin{bmatrix} h_1 & h_2 & h_3 \end{bmatrix} = \lambda A \begin{bmatrix} r_1 & r_2 & T \end{bmatrix} \tag{4-48}$$

r_1 与 r_2 为单位正交向量，有 $r_1^{\mathrm{T}}r_1 = r_2^{\mathrm{T}}r_2 = 1$，且 $r_1^{\mathrm{T}}r_2 = 0$，所以得到摄像机内参数求解的两个约束条件为

$$\begin{cases} \boldsymbol{h}_1^{\mathrm{T}} \boldsymbol{A}^{-\mathrm{T}} \boldsymbol{A}^{-1} \boldsymbol{h}_2 = 0 \\ \boldsymbol{h}_1^{\mathrm{T}} \boldsymbol{A}^{-\mathrm{T}} \boldsymbol{A}^{-1} \boldsymbol{h}_1 = \boldsymbol{h}_2^{\mathrm{T}} \boldsymbol{A}^{-\mathrm{T}} \boldsymbol{A}^{-1} \boldsymbol{h}_2 \end{cases} \tag{4-49}$$

令

$$\boldsymbol{B} = \boldsymbol{A}^{-\mathrm{T}} \boldsymbol{A}^{-1} = \begin{bmatrix} B_{11} & B_{12} & B_{13} \\ B_{21} & B_{22} & B_{23} \\ B_{31} & B_{32} & B_{33} \end{bmatrix} = \begin{bmatrix} \dfrac{1}{\alpha^2} & -\dfrac{\gamma}{\alpha^2 \beta} & \dfrac{v_0 \gamma - u_0 \beta}{\alpha^2 \beta} \\[3mm] -\dfrac{\gamma}{\alpha^2 \beta} & \dfrac{\gamma}{\alpha^2 \beta^2} + \dfrac{1}{\beta^2} & -\dfrac{\gamma(v_0 \gamma - u_0 \beta)}{\alpha^2 \beta^2} - \dfrac{v_0}{\beta^2} \\[3mm] \dfrac{v_0 \gamma - u_0 \beta}{\alpha^2 \beta} & -\dfrac{\gamma(v_0 \gamma - u_0 \beta)}{\alpha^2 \beta^2} - \dfrac{v_0}{\beta^2} & \dfrac{(v_0 \gamma - u_0 \beta)^2}{\alpha^2 \beta^2} + \dfrac{v_0}{\beta^2} + 1 \end{bmatrix}$$

$$\tag{4-50}$$

$\boldsymbol{B}$ 是对称矩阵，可以用 6 维向量定义，即

$$\boldsymbol{b} = \begin{bmatrix} B_{11} & B_{12} & B_{22} & B_{13} & B_{23} & B_{33} \end{bmatrix}^{\mathrm{T}} \tag{4-51}$$

设 $\boldsymbol{H}$ 第 i 列向量表示为 $\boldsymbol{h}_i = \begin{bmatrix} h_{i1} & h_{i2} & h_{i3} \end{bmatrix}^{\mathrm{T}}$，那么

$$\boldsymbol{h}_i^{\mathrm{T}} \boldsymbol{B} \boldsymbol{h}_i = \boldsymbol{V}_{ij}^{\mathrm{T}} \boldsymbol{b} \tag{4-52}$$

其中

$$\boldsymbol{V}_{ij} = \begin{bmatrix} h_{i1} h_{j1} & h_{i1} h_{j2} + h_{i2} h_{j1} & h_{i2} h_{j2} & h_{31} h_{j1} + h_{i1} h_{j3} & h_{31} h_{j1} + h_{i3} h_{j3} & h_{i3} h_{j3} \end{bmatrix} \tag{4-53}$$

将式（4-48）写成关于 $\boldsymbol{b}$ 的形式，则

$$\begin{bmatrix} \boldsymbol{V}_{12}^{\mathrm{T}} \\ \boldsymbol{V}_{11}^{\mathrm{T}} - \boldsymbol{V}_{22}^{\mathrm{T}} \end{bmatrix} \boldsymbol{b} = 0 \tag{4-54}$$

对于获取的 N 幅模板图像，可得

$$\boldsymbol{V} \boldsymbol{b} = 0 \tag{4-55}$$

其中，$\boldsymbol{V}$ 是一个 $2N \times 6$ 的矩阵，如果 $N \geqslant 3$，可计算出 $\boldsymbol{b}$（带有一个比例因子），从而可以解出

$$\begin{cases} v_0 = \dfrac{B_{12}B_{13} - B_{11}B_{23}}{B_{11}B_{22} - B_{12}^2} \\[3mm] \lambda = B_{33} - \dfrac{B_{13}^2 + v_0(B_{12}B_{13} - B_{11}B_{23})}{B_{11}} \\[3mm] k_x = \sqrt{\dfrac{\lambda}{B_{11}}} \\[3mm] k_y = \sqrt{\dfrac{\lambda B_{11}}{B_{11}B_{12} - B_{12}^2}} \\[3mm] k_s = \dfrac{-B_{12}k_x^2 k_y}{\lambda} \\[3mm] u_0 = \dfrac{k_s v_0}{k_y} - \dfrac{B_{13}k_x^2}{\lambda} \end{cases} \tag{4-56}$$

求得单应性矩阵 H 和内参矩阵 A 后，可得每幅图像的外参数为

$$\begin{cases} r_1 = \lambda A^{-1} h_1 \\[2mm] r_2 = \lambda A^{-1} h_2 \\[2mm] r_3 = r_1 \times r_2 \\[2mm] t = \lambda A^{-1} h_3 \\[2mm] \lambda = \dfrac{1}{\left\| A^{-1} h_1 \right\|} = \dfrac{1}{\left\| A^{-1} h_2 \right\|} \end{cases} \tag{4-57}$$

以上求解旋转矩阵 R 的方法是基于最小距离的，没有任何物理意义。实际应用中，摄像机镜头总是带有不同程度的畸变，因此需要以上述获得的参数作为初值，采用最大似然估计进行参数优化搜索以计算出准确的参数值。移动标定模板或者摄像机，获得标定模板在不同视角下拍摄的 n 幅图像，各幅图像标定模板上的标定点相同，数目都为 m，设每个特征点的图像坐标都含有独立同分布的噪声，则参数的优化估计可以采用式（4-58）求解其最小值实现。

$$\gamma = \sum_{i=1}^{n} \sum_{j=1}^{m} \left\| m_{ij} - \hat{m}\left(A, R_i, t_i, M_j\right) \right\| \tag{4-58}$$

式中，m_{ij} 为标定模板上第 j 个物点投影到第 i 幅图像上的像点坐标；R_i 为第 i 幅图像相对于世界坐标系的旋转矩阵；t_i 为第 i 幅图像相对于世界坐标系的平移向

量；M_j 为三维空间中第 j 个标定点的三维坐标；$\hat{m}(A, R_i, t_i, M_j)$ 是通过获取的摄像机参数的初值计算得到的像点近似坐标。

4.2.4　液晶显示器显示标定模板

标定靶标是摄像机标定的参照，标定靶标自身精度的高低对标定参数的精度有着直接的影响。传统的摄像机参数标定方法是采用特定的标定物，例如 3D 立体靶标、2D 平面靶标等。3D 靶标标定方法比较简单，但是高精度的立体靶标制作困难，且成本较高，在实际中应用较少。2D 平面靶标的摄像机标定方法要求摄像机从 3 个及以上不同的方位对该平面靶标成像，摄像机和 2D 平面靶标都可以根据需要进行自由移动，并且无须知道运动的具体参数，因此该方法非常灵活方便。由于该靶标是通过打印后粘贴在平面上的，因此不可避免会产生误差。当平面靶标的平面度有 1% 的误差时，将会产生 10 个像素左右的主点参数误差。

目前，平板液晶显示器的应用越来越广泛。液晶玻璃基板是平板液晶显示器的重要组成部分，它的精度直接影响所显示图形的质量。因此，液晶显示对基板玻璃的平整度要求很高，主要包括玻璃表面粗糙度、波纹度、基板表面翘曲度和表面的平行度等。随着制造工艺的成熟，高性能的液晶显示器基板玻璃外形尺寸加工精度可以达到 0.1mm 误差，具有非常高的显示精度。与打印粘贴方式获得的标定模板相比，直接采用平板液晶显示器作为标定平面可以有效提高因标定靶标本身带来的误差问题。

4.2.5　实验结果与分析

标定实验分别使用普通打印粘贴的标定模板和直接采用液晶显示器作为标定平面、在电脑中绘制出方格棋盘作为标定模板，方格的边长为 30mm，所拍摄的标定模板如图 4-8 所示。

如图 4-9 所示，选取标定模板左上角的某个方格角点为原点，建立世界坐标系。标定过程由 MATLAB 的标定工具箱进行。标定时用鼠标选定靶标角点提取范围，通过角点提取指令检测出该范围内的所有角点并使用 Harris 角点提取算法获得所有角点的图像坐标。

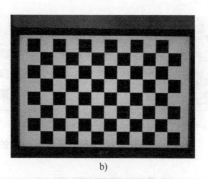

a) b)

图 4-8　普通打印粘贴标定模板和液晶显示屏上的方格棋盘标定模板

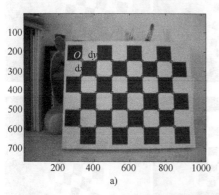
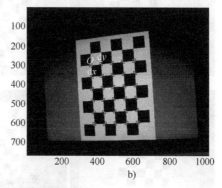

a) b)

图 4-9　坐标系的建立与角点提取

每种标定方法分别在不同角度对模板拍摄 15 张图片（图 4-10 和图 4-11 只显示了部分标定图片），由于液晶显示器存在可视角度，一般在 60°～170° 范围，超出该范围就会出现失真的现象，因此在调整拍摄角度时不应太大。采用打印粘贴方式的标定模板和直接采用液晶显示器显示的模板标定结果见表 4-2。

图 4-10　不同角度下拍摄的普通打印粘贴标定模板

图 4-10   不同角度下拍摄的普通打印粘贴标定模板（续）

图 4-11   不同角度下拍摄的普通打印粘贴标定模板和液晶显示屏标定模板

表 4-2   采用不同标定模板的标定结果对比   （单位：像素）

所使用的标定模板	u_0	v_0	f/dx	f/dy	一阶径向畸变系数	
					k_1、k_2	
普通标定模板	521.46742	392.42040	1087.27627	1086.39518	-0.26445	0.97624
液晶标定模板	518.25734	392.11571	1084.78202	1083.90871	-0.28934	0.99595

从表 4-2 可以看出，两种方法标定结果相差不大，摄像机的焦距在 x 和 y 方向并不相同，同时光学主点也不在图像的中心，与中心略有偏差，这主要是制造工艺误差造成的。

在 x 和 y 方向上以像素为单位的重投影误差的标准差称为像素误差，根据优化的准则，重投影误差越小，摄像机标定的精度越高。为了便于分析两种不同模板的标定精度，对两种标定方法的标定结果进行了图像重建，得到的重投影误差见表 4-3 和图 4-12、图 4-13。

表 4-3　不同标定模板标定误差对比　　　　（单位：像素）

所使用的标定模板	x 方向像素误差	y 方向像素误差
普通标定模板	0.28036	0.33772
液晶标定模板	0.26590	0.24745

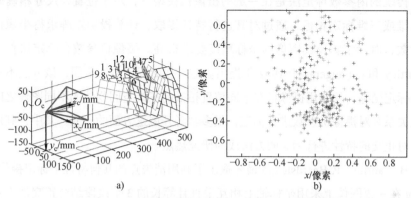

图 4-12　采用普通标定模板进行重建及重投影误差

a）摄像机和标定模板之间的位姿关系　b）重投影误差

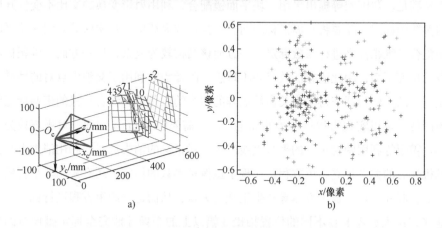

图 4-13　采用液晶标定模板进行重建及重投影误差

a）摄像机和标定模板之间的位姿关系　b）重投影误差

可见，与其他标定方法相比，张正友标定法采用二维靶标，避免了对高精度三维靶标和烦琐操作过程的需求，通过分别采用普通打印标定模板和直接采用液晶显示平面作为标定模板进行标定实验，结果表明采用液晶显示平面作为标定模板标定的参数更为准确，这主要是克服了普通打印标定模板因粘贴等原因造成的误差。

4.3 自标定的内参数标定法

传统的内参数标定法是在一定的摄像机模型下，对于位置、尺寸精确确定的二维或三维标定靶标，通过对其进行特征提取、计算投影矩阵求得摄像机内外参数，对标定物及其图像的坐标精度要求很高。摄像机参数自标定法首次由R.Hartley 和 O.Faugeras 于 1992 年提出。与以往的标定方法不同，该方法不需要使用标定靶标，仅利用摄像机在不同位置拍摄的三维空间物体的不同图像之间的对应关系来对摄像机参数进行标定，很多学者开展这方面的研究。其中，利用消失点对正交的特性进行标定的方法成为研究热点。

B. Caprile、P. Beardsley 等最先提出了利用消失点的几何特性来标定摄像机。Wang 在一幅图像上采用坐标轴上相互垂直且等长的 3 个线段结合正交消失点的性质实现了摄像机参数标定，由于要求 3 个线段长度相等且相互垂直，标定条件不易满足。郑国威等提出采用一块平面镜配合，利用射影变换的交比不变性开展内参数的标定，需要将平面镜移动两次，操作较为烦琐。吕文松等采用两块平面镜配合三维靶标来进行参数标定，一方面该结构较为复杂，另一方面三维靶标本身的精度不高，因此该方法效果并不理想。陈爱华等利用正交消失点对的性质和正方形的几何特征获得了有关参数矩阵的两个约束条件，综合拍摄的多幅标定模板图像，可以实现摄像机参数的标定。由于需要解 Kruppa 方程，对噪声较为敏感。霍炬等利用两对正交的平行直线产生一对正交的消失点对，利用消失点与摄像机光心的关系建立约束方程，实现了摄像机参数的标定。还有采用非平行的矩形对、圆柱、正（长）方体等产生正交消失点，从而建立约束方程进行标定。但这些方法大都需要在不同的位置拍摄 3 幅以上的图像才能完全标定摄像机的参数，无论是移动摄像机还是移动标定模板，都相当烦琐。

本节在消失点约束的基础上提出了一种新的标定方法，利用平面镜的镜像反射原理，使标定模板所在平面与平面镜所在平面非垂直摆放，两者位置确定后无须移动摄像机或平面镜，只需一次成像即可线性标定摄像机所有内参数。

4.3.1　消失点和消失线理论

在三维空间中有很多物体具有平行线结构，如图 4-14 所示，房屋的两侧边缘线、街道平行的侧边、方桌平行的对边、两条平行的铁道线等，但是在人们视野中这些结构变得不平行，随着离人们距离的增加，平行线间的距离会越来越小，最终两平行线交于一点。这些是由于人眼在看物体时的透视效果造成的。透视投影属于中心投影法，按照物体距离投影面的距离远近由小到大对物体进行成像，不平行于投影面的平行线在成像面上将收敛于一个点。如图 4-14 中两条平行的钢轨、房屋上下边缘，经过透视投影，两条平行线形成了不平行的汇聚线，汇聚线的交点称为铁道方向或房屋边缘方向的消失点（Vanishing Point）。图 4-15 描述了消失点的形成过程。

 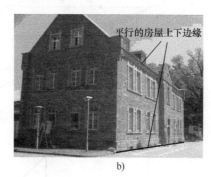

a)　　　　　　　　　　　　　　　b)

图 4-14　现实中平行线结构

a）平行的钢轨　b）平行的房屋上下边缘

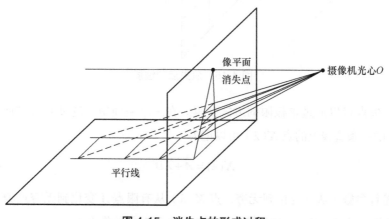

图 4-15　消失点的形成过程

消失点是这样定义的：如果空间中存在一条直线，该直线与过摄像机光心的射线平行，则该射线和像平面的交点即为消失点。如图4-16所示，空间点X_i（$i=1,\cdots,4$）在空间直线上是等间距的，经过透视投影后，它们在像平面上的像点间距不断减小。当空间点X距离像平面趋于无穷远时，在竖直的像平面上直线将收敛于像点$x=v$，在倾斜的像平面上直线将收敛于像点$x'=v'$。因此，一条过摄像机光心、与空间线平行的射线与像平面的交点就称为该射线在像平面上的消失点。如果该空间直线和像平面平行，由于直线上各点距离投影中心的Z向距离相等，因此消失点将位于像平面X方向或Y方向的无穷远处。

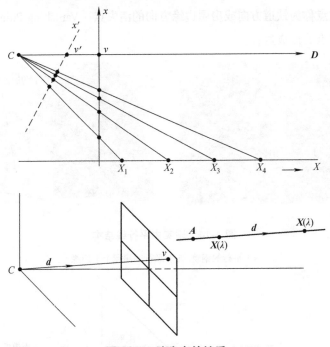

图 4-16　消失点的性质

消失点可以通过求极限的方式获得。在三维空间中，过A点且方向为$D=[d^T\ 0]^T$的一条直线上的点$X(\lambda)$可以记为

$$X(\lambda)=A+\lambda D \tag{4-59}$$

随着参数λ从0变化到无穷，点$X(\lambda)$从有限点A变化到无穷点D。在摄像机投影矩阵$P=K[I|0]$的作用下，点$X(\lambda)$所对应的像点为

$$x(\lambda) = PX(\lambda) = PA + \lambda PD = a + \lambda KD \qquad (4\text{-}60)$$

其中，a 是 A 的像点。线的消失点 v 为

$$v = \lim_{\lambda \to \infty} x(\lambda) = \lim_{\lambda \to \infty} x(a + \lambda Kd) = Kd \qquad (4\text{-}61)$$

式（4-61）表明消失点 v 与方向为 d 的射线相互对应，也就是说，消失点 v 在像平面上的位置仅与射线的方向 d 有关，而与空间点 A 的在该射线上的具体位置没有任何关系。

从射影几何理论的角度来讲，在三维空间里，设无穷远平面 π_∞ 与像平面平行，且垂直于方向为 d 的一组平行直线，则该组平行线将与平面 π_∞ 交于同一点，而该点在像平面的投影点就是该组平行直线的消失点。因此在三维空间中，如果存在一条方向为 d 的直线，它与无穷远平面 π_∞ 相交于点 $X_\infty = [d^T \ 0]^T$，其中 v 是 X_∞ 在像平面的像点，有

$$v = PX_\infty = K[I \mid 0]\begin{bmatrix} d \\ 0 \end{bmatrix} = Kd \qquad (4\text{-}62)$$

因此，可以得到如下的结论：方向为 d 的三维空间直线的消失点是一条经过摄像机光心且与该直线平行的射线与像平面的交点 v，即 $v = Kd$。

4.3.2　正交消失点的性质

欧氏空间中两条平行线相交于无穷远点，在不考虑畸变的针孔摄像机模型下，根据射影变换的理论可知，这两条平行线投影到像平面得到的直线一般情况下将相交于一点，交点称为消失点，它是无穷远点在像平面上的成像点。如果将该像点和摄像机光心连接起来，得到的直线将与两空间平行线平行。

如图 4-17 所示，对于空间中一个正方形 $ABCD$ 来说，在像平面的成像为四边形 $abcd$，由消失点形成原理可知，正方形两平行对边在像平面上所成的像 ab 和 cd 相交于消失点 v_1，bc 和 ad 相交于消失点 v_2，则 $ov_1 \parallel AB \parallel CD$，$ov_2 \parallel AD \parallel BC$，由于 $AB \perp AD$，从而 $ov_1 \perp ov_2$，v_1 和 v_2 构成一对正交消失点对，它们的连线构成消失线 L。同理，在像平面上延长四边形 $abcd$ 的对角线 ac 和 bd，它们分别交消失线于 p_1、p_2 两点，这两点同样构成一对正交消失点对，同样有 $op_1 \perp op_2$。

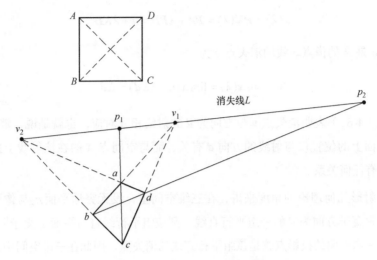

图 4-17　正方形及其投影图像

由文献知，若 x_1 和 x_2 分别为 L_1、L_2 两条正交直线上任意两空间点 X_1、X_2 在像平面的消失点，则 $x_1 A^{-T} A^{-1} x_2 = 0$，即 $(A^{-1} x_1)^T A^{-1} x_2 = 0$。则由上述两对消失点对得到摄像机内参数的两个约束方程为

$$\begin{cases} v_1 A^{-T} A^{-1} v_2 = (A^{-1} v_1)^T A^{-1} v_2 = 0 \\ p_1 A^{-T} A^{-1} p_2 = (A^{-1} p_1)^T A^{-1} p_2 = 0 \end{cases} \quad (4\text{-}63)$$

4.3.3　摄像机内参数求解

由式（4-63）得，对于这两个正交消失点对 $v_1(u_{v1}, v_{v1})$、$v_2(u_{v2}, v_{v2})$，在摄像机坐标系下两消失点的坐标为 $v_1((u_{v1} - u_0) \mathrm{d}x, (v_{v1} - v_0) \mathrm{d}y, f)$、$v_2(u_{v2} - u_0) \mathrm{d}x, (v_{v2} - v_0) \mathrm{d}y, f)$，由此可得

$$\begin{cases} [(u_{v1} - u_0) \mathrm{d}x, (v_{v1} - v_0) \mathrm{d}y, f]^T g [(u_{v2} - u_0) \mathrm{d}x, (v_{v2} - v_0) \mathrm{d}y, f] = 0 \\ [(u_{p1} - u_0) \mathrm{d}x, (v_{p1} - v_0) \mathrm{d}y, f]^T g [(u_{p2} - u_0) \mathrm{d}x, (v_{p2} - v_0) \mathrm{d}y, f] = 0 \end{cases} \quad (4\text{-}64)$$

式（4-64）是关于摄像机的内参数 u_0、v_0、$f_x = f/\mathrm{d}x$、$f_y = f/\mathrm{d}y$ 的方程，因含有 4 个未知数，故仅有以上两个方程无法求解，因此至少还需两个方程，即还需要在另一位置拍摄一幅图像，为避免操作的烦琐性，能够通过一次成像求解出所有内参数，利用平面镜的镜像特性，在正方形 ABCD 旁放置一块平面镜，如图 4-18

所示，其在平面镜中的成像为 $A'B'C'D'$，为了防止物和像对应的边平行造成的消失点退化情况，使正方形 $ABCD$ 所在的平面和平面镜所在的平面不垂直，调整摄像机的角度，使得 $ABCD$ 和 $A'B'C'D'$ 都在摄像机的视场范围内，与 $ABCD$ 类似，$A'B'C'D'$ 对应的消失点为 v_2'、v_1'、p_2'、p_1'。由 $A'B'C'D'$ 对应的消失点对的正交关系可得另一组约束方程，由此可得到

$$\begin{bmatrix} (u_{v1}-u_0)(u_{v2}-u_0) & (v_{v1}-v_0)(v_{v2}-v_0) & 1 \\ (u_{p1}-u_0)(u_{p2}-u_0) & (v_{p1}-v_0)(v_{p2}-v_0) & 1 \\ (u_{v'1}-u_0)(u_{v'2}-u_0) & (v_{v'1}-v_0)(v_{v'2}-v_0) & 1 \\ (u_{p'1}-u_0)(u_{p'2}-u_0) & (v_{p'1}-v_0)(v_{p'2}-v_0) & 1 \end{bmatrix} \begin{bmatrix} (f/\mathrm{d}x)^2 \\ (f/\mathrm{d}y)^2 \\ 1 \end{bmatrix} = \begin{bmatrix} 0 \\ 0 \\ 0 \\ 0 \end{bmatrix} \quad （4\text{-}65）$$

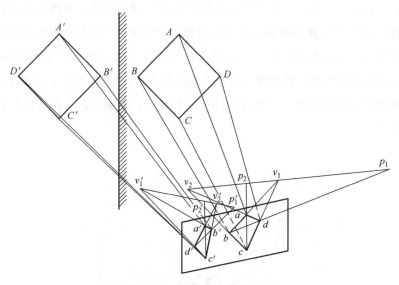

图 4-18　摄像机内参数求解

式（4-65）是关于 u_0、v_0、$(f/\mathrm{d}x)^2$、$(f/\mathrm{d}y)^2$ 的 4 个方程，为便于线性求解，令

$$x_1 = u_0 x_3, \quad x_2 = v_0 x_3, \quad x_3 = (\mathrm{d}x/\mathrm{d}y)^2 \quad （4\text{-}66）$$

将式（4-66）代入式（4-65）得

$$
\begin{bmatrix}
u_{v1}+u_{v2}-u_{p1}-u_{p2} & v_{v1}+v_{v2}-v_{p1}-v_{p2} & v_{p1}v_{p2}-v_{v1}v_{v2} \\
u_{v1}+u_{v2}-u_{v'1}-u_{v'2} & v_{v1}+v_{v2}-v_{v'1}-v_{v'2} & v_{v'1}v_{v'2}-v_{v1}v_{v2} \\
u_{v1}+u_{v2}-u_{p'1}-u_{p'2} & v_{v1}+v_{v2}-v_{p'1}-v_{p'2} & v_{p'1}v_{p'2}-v_{v1}v_{v2}
\end{bmatrix}
\begin{bmatrix} x_1 \\ x_2 \\ x_3 \end{bmatrix}
=
\begin{bmatrix}
u_{v1}u_{v2}-u_{p1}u_{p2} \\
u_{v1}u_{v2}-u_{v'1}u_{v'2} \\
u_{v1}u_{v2}-u_{p'1}u_{p'2}
\end{bmatrix}
$$

$$(4\text{-}67)$$

解得 $X=[x_1 \quad x_2 \quad x_3]$ 后，代入式（4-65），可求得 f/dx 和 f/dy。

4.3.4 仿真实验

为验证该方法的有效性，在 MATLAB 平台上进行仿真实验。首先建立仿真摄像机，设该摄像机的内参数为：$u_0 = 340$，$v_0 = 270$，$f/dx = 3000$，$f/dy = 3000$，标定模板的图像大小为 1600 像素 ×1200 像素，三维空间中 $x = 0$ 的平面定义为平面镜所在平面，像平面和平面镜的夹角为 70°，虚拟像平面和像平面关于平面镜对称。旋转矩阵 **R** 和平移向量 **T** 为摄像机相对于世界坐标系的位姿关系，**R** 由相对于 3 个坐标轴（X、Y、Z）的旋转角来表示：[0°，35°，20°]，其中顺着坐标轴的方向逆时针旋转时角度为正；平移向量 **T** 为：[2500，2000，2500]。在三维空间中画出仿真正方形，如图 4-19 中右侧所示，左侧的正方形是其在平面镜中的虚像。

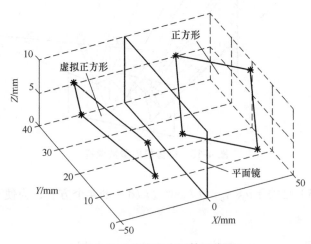

图 4-19 仿真正方形的三维图

在像平面的每个像点上，加入幅值为 0~2.6 像素的随机白噪声，然后在每种噪声水平下进行 50 次独立实验，其中一次在不同噪声水平下的内参数变化见表 4-4，摄像机内参数绝对误差均值随噪声水平的变化曲线如图 4-20 所示。

表 4-4　不同噪声水平对各个参数的影响　　　（单位：像素）

噪声水平	u_0	v_0	f/dx	f/dy
0	340	270	3000	3000
0.2	341.1849	269.9456	3000.2	2999.5
0.4	336.4181	268.7604	3003.7	3004.1
0.6	333.3004	270.3315	3000.9	3004.4
0.8	341.9585	268.9674	3002.1	2999.8
1	347.7529	267.9117	2999.9	2994.9
1.2	331.5386	268.6557	3005.0	3008.7
1.4	324.2629	268.4527	3007.5	3012.1
1.6	347.1029	269.0365	3004.3	2999.2
1.8	363.7561	271.7807	2990.6	2982.2
2	309.8859	263.3261	3017.8	3030.2
2.2	354.3151	274.7785	2982.5	2981.2
2.4	329.9855	270.9449	2994.9	3005.0
2.6	376.9032	275.4224	2977.9	2962.2

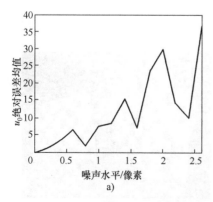

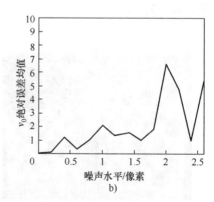

图 4-20　参数绝对误差均值随噪声水平的变化曲线

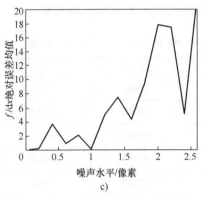
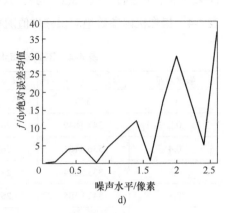

c)　　　　　　　　　　　　　　　　d)

图 4-20　参数绝对误差均值随噪声水平的变化曲线（续）

　　仿真结果表明标定误差的变化趋势是基本上随噪声水平的增加而不断增加，说明了本方法原理的正确性。

4.3.5　实物标定实验

　　标定实验采用一个 6×6 棋盘格组成的方形平面图样，方格大小为 30mm×30mm，在平面镜的作用下可以看到其右侧显示出了其虚像，如图 4-21 所示。采用分辨率为 1024 像素 ×768 像素的摄像机来获取标定模板图像。选取标定靶标上的 4 个角点（图 4-22 中 A、B、C、D 及其对应的虚像 A′、B′、C′、D′）进行标定，将标定的结果和采用 MATLAB 标定工具箱标定的结果进行比较，结果见表 4-5。

图 4-21　标定图像及其虚像

图 4-22　标定内参数的 4 个角点

表 4-5　两种方法标定出的摄像机内参数　　　　　（单位：像素）

标定方法		u_0	v_0	f/dx	f/dy
标定方法	MATLAB 工具箱标定结果	518.2573	392.1157	1084.7820	1083.9087
	四角点法标定结果	400.3854	298.7370	926.0545	949.8721
标定误差		117.8719	93.3787	158.7275	134.0366

　　MATLAB 工具箱标定法由于其比较成熟，标定结果稳定可靠，故以其标定结果为标准。可以看到，本实验的 4 角点标定法误差很大，分析其原因，主要是由于成像畸变、角点检测误差等因素的影响，导致角点在提取过程中位置存在偏差，所有方向一致的平行线在像平面上的投影并不刚好交于消失点，而且对该方向上的任一直线来说，投影点并不一定刚好都在直线上，因此先通过最小二乘算法获得该方向上的直线方程 l_{ij}：

$$k_{ij}u - v + b_{ij} = 0$$

　　$i = 1,2,\cdots,n$，$j = 1,2,3,4$，i 表示某直线方向的投影点数，j 表示两对平行的对边方向和两条垂直的对角线方向。

　　设点 p 为第 j 组平行直线的消失点，它在像平面上的坐标为 $p(u, v)$，定义如下的目标函数，当式（4-68）取得极小值时即某一点到各条投影直线的距离和 d 最小时，该点即为所求的消失点位置。

$$F_j = \arg\min\left(\sum_{i=1}^{n} d(p(u,v), l_{ij}(k_{ij}, -1, b_{ij}))\right) = \arg\min\sum_{i=1}^{n}\frac{|k_{ij}u - v + b_{ij}|}{\sqrt{k_{ij}^2 + 1}} \quad （4-68）$$

　　$d(p(u,v),\ l_{ij}(k_{ij}, -1, b_{ij}))$ 表示消失点与第 j 方向、第 i 条直线的距离。以两条投影线交点的平均值作为迭代的初始值，优化过程采用 Levenberg-Marquart 算法实现。

　　为了便于比较结果，采用 MATLAB 标定工具箱、基于正交消失点的多幅图像标定法以及本节提出的方法分别进行标定，标定结果见表 4-6。

　　在图 4-23 中，根据上述计算结果，对消失点进行重建。将棋盘图像的 4 个顶点用实心圆点绘制，将棋盘图像在镜中的虚像的 4 个顶点用空心圆点绘制，并分别绘制出其消失点所在的位置。可见，正方形的对边以及对角线对应的消失点在同一条直线上，结果和前面的理论分析一致，因此真实实验也证明了该方法的有效性。

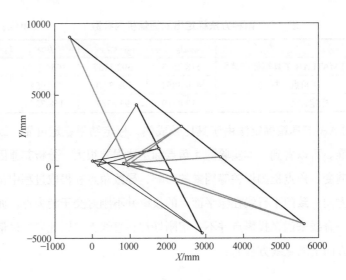

图 4-23　靶标各边和相应的消失点对的关系

表 4-6　摄像机内参数比较　　　　　　　（单位：像素）

标定方法	u_0	v_0	f/dx	f/dy
MATLAB 工具箱标定结果	518.2573	392.1157	1084.7820	1083.9087
张正友标定法标定结果	519.1028	394.6592	1085.5371	1086.1037
多幅图像标定结果	531.9585	378.9449	1072.2148	1077.6273
本节方法优化后的标定结果	532.1274	378.2243	1074.0260	1076.8374
多幅图像标定误差	13.7012	13.1708	12.5672	6.2814
本节提出的方法标定误差	13.8701	13.8914	10.7560	7.0713

可以看到，采用基于平面镜和正交消失点对约束的自标定方法与 MATLAB 标定工具箱标定的结果有一定的差距，而与采用多幅图像标定方法相比，结果相差不大。但该方法不需要事先提供精确的标定坐标，充分利用正交消失点对分别和光心的连线相互正交的性质，一个正方形可以产生两个约束方程，利用平面镜的镜像性质，在平面镜的配合下，通过对靶标进行一次成像即可计算出摄像机的内参数，避免了多次拍摄靶标，减少了操作的烦琐性。在精度要求不高、需要快速标定的场合有一定的应用价值。

4.4　单目立体视觉外参数标定

为了进行立体视觉测量和三维重建，和双目立体视觉标定一样，单目立体视觉传感器也需要标定真实摄像机和虚拟摄像机之间的空间姿态关系。

理论上，单目立体视觉测量系统的外参数可以用基线半距 l、视场半角 α 以及光轴与 X 轴的夹角 θ 等结构参数来表示，根据 l、α、θ 这几个参数，完全可以标定出真实摄像机和虚拟摄像机之间的空间位置关系，但由于角度参数不好测量，很容易产生误差，从而导致外参数的标定精度低，因此直接标定并不容易实现。单目立体视觉可以借鉴双摄像机立体视觉的外参数标定方法进行。

4.4.1　单目立体视觉的数学模型

设空间一点 P_w，其在世界坐标系下的齐次坐标为 $\overline{P_w}$，在图像坐标系下的齐次坐标为 $\overline{p}$，λ_1 为尺度因子，A 是摄像机的内参数，R、T 分别是真实摄像机相对于世界坐标系的旋转矩阵和平移向量，则在针孔摄像机模型下的变换可表示为

$$\lambda_1 \overline{p} = A[R|T]\overline{P_w} \tag{4-69}$$

对于空间一点 P_w 在镜中的虚像 P'_w 来说，由于同处在一个世界坐标系，故同样有

$$\lambda_1 \overline{p'} = A[R|T]\overline{P'_w} \tag{4-70}$$

式中，$\overline{P'_w}$、$\overline{p'}$ 分别为其在世界坐标系和图像坐标系的齐次坐标。

如图 4-24 所示，由于世界坐标系建立在平面镜上，$O\text{-}Y_wZ_w$ 面和镜面重合，X_w 轴为平面镜的法线方向。根据平面镜的对称性可知

$$\overline{P'_w} = \begin{bmatrix} \boldsymbol{\Sigma} & \\ & 1 \end{bmatrix} \overline{P_w} \tag{4-71}$$

其中，$\boldsymbol{\Sigma} = \begin{bmatrix} -1 & & \\ & 1 & \\ & & 1 \end{bmatrix}$，将 $\overline{P'_w}$ 用 $\overline{P_w}$ 表示，式（4-70）可变为

$$\lambda_1 \overline{p'} = A[R|T]\begin{bmatrix} \boldsymbol{\Sigma} & \\ & 1 \end{bmatrix} \overline{P_w} \tag{4-72}$$

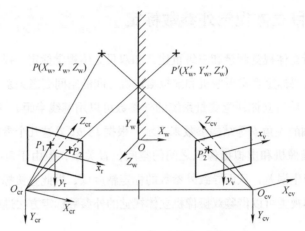

图 4-24 单目立体视觉的数学模型

故只需标定出 **R**、**T** 即真实摄像机相对于世界坐标系的位姿关系即可。设真实摄像机和虚拟摄像机的光心齐次坐标分别为 $\overline{P_c}$ 和 $\overline{P_c'}$，由 $\lambda_1\overline{p}=A\overline{P_c}$ 和 $\lambda_1\overline{p'}=A\overline{P_c'}$ 可得真实摄像机光心到世界坐标系的转换关系为

$$\overline{P_c}=[R\,|\,T]\overline{P_w} \tag{4-73}$$

虚拟摄像机光心到世界坐标系的转换关系为

$$\overline{P_c'}=[R\,|\,T]\begin{bmatrix}\boldsymbol{\Sigma}&\\&1\end{bmatrix}\overline{P_w} \tag{4-74}$$

由式（4-73）和式（4-74）得，如果将世界坐标系建立在真实摄像机的光心坐标系上，可得虚拟摄像机光心坐标系相对于真实摄像机光心坐标系的关系为

$$\overline{P_c'}=[R\,|\,T]\begin{bmatrix}\boldsymbol{\Sigma}&\\&1\end{bmatrix}[R\,|\,T]^{-1}\overline{P_c} \tag{4-75}$$

通过上述的坐标系关系转换可以看出，只要标定出真实摄像机的光心坐标系相对于世界坐标系的位姿关系，就实现了基于平面镜的单目立体视觉传感器的标定。

4.4.2 实验结果与分析

由于世界坐标系选择在平面镜上，平面镜上没有任何用于标定的参考标记，故可采用在平面镜上粘贴标定标记来开展标定，但由于过多的标记会影响平面镜的反射效果，过少的标记无法完成标定，因此本节提出在平面镜上标记好世界坐标系的位置，将一厚度准确、均匀的标准标定模板紧贴在平面镜的镜面，建立标准标定模板坐标系，如图 4-25 所示，调整摄像机成像视角，标定出摄像机光心相对于标准标定模板的坐标系的位姿关系：

$$\overline{\boldsymbol{P}}_{c}=[\boldsymbol{R}\,|\,\boldsymbol{T}]\overline{\boldsymbol{P}}_{p} \tag{4-76}$$

图 4-25　标准标定模板坐标系的建立

a）坐标原点选取　b）坐标系建立

如图 4-26 所示，标准标定模板坐标系和世界坐标系的关系 $\overline{\boldsymbol{P}}_{p}=[\boldsymbol{R}_{1}\,|\,\boldsymbol{T}_{1}]\overline{\boldsymbol{P}}_{w}$ 可以事先测量出来。

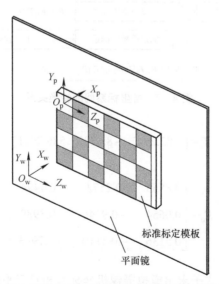

图 4-26　标准标定模板坐标系和世界坐标系的关系

真实摄像机坐标系和标准标定模板坐标系的相对位姿关系为

$$T = [\ 68.912318 \quad -41.805957 \quad 325.616529\ ] \tag{4-77}$$

$$R = \begin{bmatrix} -0.449387 & -0.257217 & -0.855506 \\ -0.398943 & 0.914638 & -0.065435 \\ 0.799310 & 0.311892 & -0.513641 \end{bmatrix} \tag{4-78}$$

经计算，标准标定模板坐标系和所确定的世界坐标系的关系为

$$T_1 = [\ 265 \quad 151.5 \quad 10\ ] \tag{4-79}$$

$$R_1 = \begin{bmatrix} & & -1 \\ & -1 & \\ -1 & & \end{bmatrix} \tag{4-80}$$

真实摄像机坐标系和所确立的设置在平面镜上的世界坐标系的关系为

$$\overline{P}_c = [R\,|\,T][R_1\,|\,T_1]\overline{P}_w = [R_0\,|\,T_0]\overline{P}_w \tag{4-81}$$

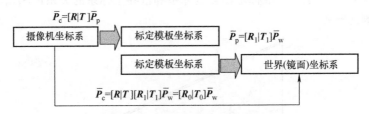

图 4-27　各坐标系间的转换关系

$$T_0 = [\ -85.2947 \quad -8.6583 \quad 586.9951\ ] \tag{4-82}$$

$$R_0 = \begin{bmatrix} 0.8555 & 0.2572 & 0.4494 \\ 0.0654 & -0.9146 & 0.3989 \\ 0.5136 & -0.3119 & -0.7993 \end{bmatrix} \tag{4-83}$$

至此，可由以上式子求出虚拟摄像机坐标系相对于平面镜上的世界坐标系

或者相对于真实摄像机坐标系的变换矩阵，从而实现了单目立体视觉外参数的标定。

　　在外参数标定时，将世界坐标系建立在平面镜上，真实摄像机和虚拟摄像机关于平面镜对称，只需标定出真实摄像机的光心坐标系相对于世界坐标系的位姿关系，就实现了基于平面镜的单目立体视觉传感器的标定。在标定时采用紧贴在平面镜上的标定模板进行，简单方便易行。

第5章 单目立体视觉中的极线几何及校正

在双摄像机立体视觉中，极线几何表示的是同一三维空间点的两幅图像点之间的对应关系，它与三维空间点的具体位置无关，只与摄像机的内外参数有关。对于左侧图像中的一点，其在右侧图像中的对应点必在过极点的一条直线即极线上。因此极线几何是一种点对直线而不是点对点的对应关系，尽管如此，极线几何给出了对应点需要满足约束条件，它将对应点匹配从整幅图像搜索对应点压缩到在一条直线上搜索对应点，在立体匹配中起着重要作用。

和双摄像机立体视觉相同，在单目立体视觉测量中，立体匹配即对应像点对的匹配也是一项关键技术。和双摄像机立体视觉不同的是，单目立体视觉获取的是包含两个像的单幅图像。对于在不同角度拍摄的一三维空间点 X，在图像上有两个成像点 m 和 m'，要找出这两个像点之间的极线几何关系，并不能直接套用双目立体视觉的相关理论。本章在深入研究双目立体视觉极线几何理论的基础上，对其进行扩展，以找出单幅图像的极线几何关系。

5.1 双目立体视觉的极线几何

如图 5-1 所示，设左右放置的两个摄像机分别对三维空间中一点 X 成像，在左成像面上的图像称为左视图图像，在右成像面上的图像称为右视图图像。设 C_1 和 C_2 分别为两个摄像机的光心，m 和 m' 是点 X 分别在两个像平面上所成的像点，它们组成一对对应点。C_1 和 C_2 的连线称为基线（Baseline），与左视图图像和右视图图像分别交于点 e 和 e'，称为对极点（Epipole）。空间点 X 和两个摄像机的光心 C_1 和 C_2 共面，它们的连线形成一个三角形，该三角形所在的平面被称为对极平面（Epipolar Plane）。对极平面与图像平面的交线称为对极线，两个图像平面的极线分别为 l 和 l'。由于像点 m（m'）同时在对极平面 π 和像平面上，因此对极线 l（l'）必然过像点 m（m'），也就是说 m 在极线 l 上，m 的对应点 m'

在极线 l' 上。因此，在另一幅图像上寻找 $m(m')$ 的对应点 $m(m')$ 时，无须在整幅图像中寻找，只要在通过点 $m(m')$ 的极线上寻找即可。这就提供了两幅图像上对应点间的极线几何约束关系，将对应点的查找范围从二维平面变为一维直线。当三维空间点 X 的位置发生变化时，对应的每一个位置都会生成一条极线，所有的极线将相交于同一点，即基线与图像平面的交点 $e(e')$。

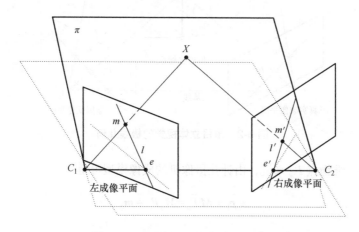

图 5-1　双摄像机立体视觉极线几何

5.2　单目立体视觉的极线几何

如图 5-2 所示，由双摄像机立体视觉极线几何的关系，对于三维空间一点 P，其在真实成像面上的像点 p_1 和虚拟成像平面上的像点 p_1' 构成一对极线几何点对，故 PCC' 构成一个极平面。但由于采用的是单目立体视觉，右侧的虚拟成像平面实际上是不存在的，因此需要在真实成像平面上分析三维物点和其虚像点 P' 的成像约束关系。

由于虚像点 P' 和三维物点 P 关于平面镜对称，且所有对称点的连线都垂直于平面镜所在的平面，包括真实光心和虚拟光心的连线，故连线 PP' 平行于基线 CC'，$PP'CC'$ 在同一平面上，即 $PP'C$ 在同一个平面上，该平面交真实成像平面于极线 l，故 p_1、p_2、e 三点共线，即在同一极线上。对于像点 p_1 来说，必有一点 p_2 在该极线上，反过来，对于任一点 p_2 也必有该直线上的一点 p_1 与之对应。这就构成了单目立体视觉的三维物点和其虚像点之间的极线几何关系。

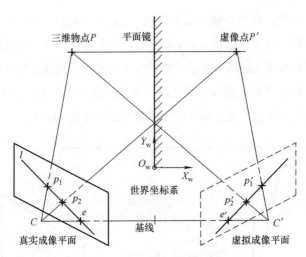

图 5-2　单目立体视觉的极线几何

对于三维物点 P_w 来说，由针孔摄像机的成像模型可得

$$\lambda_1 \overline{p_1} = M \overline{P_w} = M_0 P_w + m_0 \tag{5-1}$$

其中，$\overline{P_w} = [x_w \quad y_w \quad z_w \quad 1]^T$、$\overline{p_1} = [u \quad v \quad 1]^T$ 分别为三维空间点 P_w 和其像点 p_1 的齐次坐标，λ_1 为比例因子，$M = A[R|T]$，是 3×4 投影矩阵，M_0 为 M 的左面 3×3 部分，m_0 为 M 的右面 3×1 部分。A、R、T 的意义同以上各章节。$P_w = [x_w \quad y_w \quad z_w]^T$ 为 P 点的世界坐标。

世界坐标系选在平面镜上，O_w-$Y_w Z_w$ 与镜面重合，X_w 轴垂直于镜面，故虚像点 P'_w 和三维物点 P_w 的世界坐标关系可表示为

$$P_w = \begin{bmatrix} -1 & & \\ & 1 & \\ & & 1 \end{bmatrix} P'_w \tag{5-2}$$

虚像点 P'_w 和其像点的关系可表示为

$$\lambda_2 \overline{p_2} = M \overline{P'_w} = M_0 P'_w + m_0 \tag{5-3}$$

$$\lambda_2 \overline{p_2} = M \overline{P'_w} = M_0 \begin{bmatrix} -1 & & \\ & 1 & \\ & & 1 \end{bmatrix} P_w + m_0 \tag{5-4}$$

由式（5-1）、式（5-4）联立消去 P_w 得

$$\lambda_2 \overline{\boldsymbol{p}_2} - \lambda_1 \boldsymbol{M}_0 \begin{bmatrix} -1 & & \\ & 1 & \\ & & 1 \end{bmatrix} \boldsymbol{M}_0^{-1} \overline{\boldsymbol{p}_1} = \boldsymbol{m}_0 - \boldsymbol{M}_0 \begin{bmatrix} -1 & & \\ & 1 & \\ & & 1 \end{bmatrix} \boldsymbol{M}_0^{-1} \boldsymbol{m}_0 \qquad （5\text{-}5）$$

由于式（5-5）两边都是对三维向量进行操作，因此其实际上包含了 3 个方程，联立 3 个方程消去 λ_1 和 λ_2 后，即可得到一个 p_1 和 p_2 的关系式，即对于一个像点 p_1 来说，必有对应的一个像点 p_2 满足该关系式，这就是单幅图像对称镜像点之间的极线约束。令

$$\boldsymbol{m} = \boldsymbol{m}_0 - \boldsymbol{M}_0 \begin{bmatrix} -1 & & \\ & 1 & \\ & & 1 \end{bmatrix} \boldsymbol{M}_0^{-1} \boldsymbol{m}_0 \qquad （5\text{-}6）$$

由 $\boldsymbol{m}$ 定义的反对称矩阵 $[\boldsymbol{m}]_\times$ 为

$$[\boldsymbol{m}]_\times = \begin{bmatrix} 0 & -m_z & m_y \\ m_z & 0 & -m_x \\ -m_y & m_x & 0 \end{bmatrix} \qquad （5\text{-}7）$$

将 $[\boldsymbol{m}]_\times$ 左乘式（5-6）两边，由 $[\boldsymbol{m}]_\times \boldsymbol{m} = 0$ 可知

$$[\boldsymbol{m}]_\times (\lambda_2 \overline{\boldsymbol{p}_2} - \lambda_1 \boldsymbol{M}_0 \begin{bmatrix} -1 & & \\ & 1 & \\ & & 1 \end{bmatrix} \boldsymbol{M}_0^{-1} \overline{\boldsymbol{p}_1}) = 0 \qquad （5\text{-}8）$$

左边一项 $[\boldsymbol{m}]_\times \lambda_2 \overline{\boldsymbol{p}_2}$ 与 p_2 正交，将 $\overline{\boldsymbol{p}_2}^{\mathrm{T}}$ 左乘右边项可得

$$\overline{\boldsymbol{p}_2}^{\mathrm{T}} [\boldsymbol{m}]_\times \boldsymbol{M}_0 \begin{bmatrix} -1 & & \\ & 1 & \\ & & 1 \end{bmatrix} \boldsymbol{M}_0^{-1} \overline{\boldsymbol{p}_1} = 0 \qquad （5\text{-}9）$$

式（5-9）给出了同一三维空间点的像点 p_1 和 p_2 所必须满足的约束关系。可以看出，在已知像点 p_1 坐标的情况下，式（5-9）是一个关于 p_2 的线性方程，即像平面上的极线方程。反过来，在已知像点 p_2 坐标的情况下，式（5-9）是一个关于 p_1 的线性方程，也是像平面上的极线方程。

事实上，由于 p_1、p_2 位于同一幅图像上，因此该两像点位于同一条极线上，因此，令

$$F = [m]_\times M_0 \begin{bmatrix} -1 & & \\ & 1 & \\ & & 1 \end{bmatrix} M_0^{-1}$$ （5-10）

则像点 p_1、p_2 对应的极线方程可写为

$$l = F\overline{p_1} = F^T\overline{p_2}$$ （5-11）

图 5-3、图 5-4 显示了极线约束的效果，其中十字标志表示图像中的特征点，直线表示对应的极线，可见方盒的实像以及由平面镜镜像得到的虚像对应的特征点对位于同一条直线即极线之上，也就是说它们满足极线约束方程。

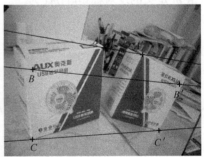

a)

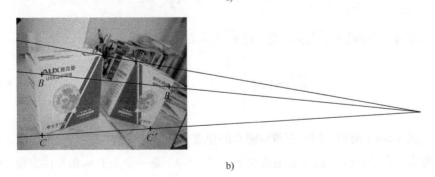

b)

图 5-3　光轴和镜面不平行时的对应匹配点的极线约束

a）图像　b）对应点的极线约束关系

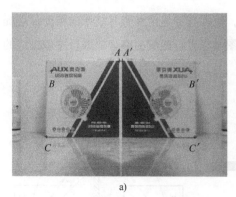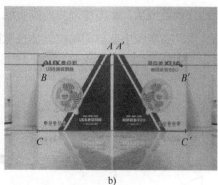

a)　　　　　　　　　　　　　　　　b)

图 5-4　光轴和镜面平行时的对应匹配点的极线约束

a）图像　b）对应点的极线约束关系

当摄像机的光轴和平面镜存在一定夹角时（见图 5-3），所有对应特征点对所在的极线将相交于一点，即极点；当摄像机的光轴和平面镜平行时（见图 5-4），所有对应匹配点对所在的极线将相互平行，极点将位于无穷远处。

图 5-3 对应的 F 为

$$F = \begin{bmatrix} -1.0842\times10^{-19} & -0.00041902 & 0.2218 \\ 0.00041902 & 5.421\times10^{-20} & -0.97509 \\ -0.2218 & 0.97509 & 4.2633\times10^{-14} \end{bmatrix} \quad (5\text{-}12)$$

图 5-4 对应的 F 为

$$F = \begin{bmatrix} 0.0000 & -0.0000 & 0.0000 \\ 0.0000 & -0.0000 & -0.9976 \\ -0.0000 & 0.9976 & -0.0000 \end{bmatrix} \quad (5\text{-}13)$$

5.3　单目立体视觉图像极线校正

和双摄像机立体视觉一样，单目立体视觉在匹配过程中也是沿着单幅图像中匹配点对对应的极线进行搜索的，但是由于摄像机摆放的位姿关系，实际应用中得到的立体像对对应的极线大都有所倾斜并相交于极点，如图 5-5 所示，对应的特征点在垂直方向往往存在视差，且垂直视差值不固定，故需要对极线进行校正以使匹配点对的极线与图像的扫描线相互平行，去除垂向视差，进而将匹配点的查询范围从二维图像降为一维直线，使得查寻速度和查寻结果的精度显著提高，因此在实验中获取的单幅立体视觉图像在进行匹配前有必要进行图像极线的校正。

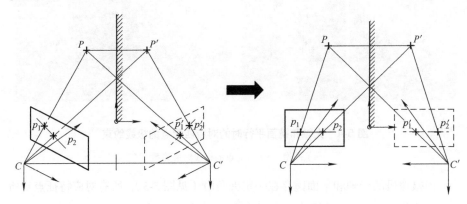

图 5-5　单目立体视觉极线校正原理

5.3.1　单目立体视觉图像极线校正理论

设摄像机的投影方程为

$$\lambda \boldsymbol{p} = \boldsymbol{M} P_{\mathrm{w}} = \boldsymbol{M}_0 \boldsymbol{P} + \boldsymbol{m}_0 \tag{5-14}$$

式（5-14）的参数含义见 5.2 节。M 为三维空间点 P_{w} 到像平面点 p 的透视投影矩阵，可以表示为

$$\boldsymbol{M} = \boldsymbol{A}[\boldsymbol{R}\,|\,\boldsymbol{T}] = [\boldsymbol{M}_0\,|\,\boldsymbol{m}_0] \tag{5-15}$$

其中

$$\boldsymbol{M} = \begin{bmatrix} m_{11} & m_{12} & m_{13} & m_{14} \\ m_{21} & m_{22} & m_{23} & m_{24} \\ m_{31} & m_{32} & m_{33} & m_{34} \end{bmatrix} = \begin{bmatrix} \boldsymbol{M}_1^{\mathrm{T}} & m_{14} \\ \boldsymbol{M}_2^{\mathrm{T}} & m_{24} \\ \boldsymbol{M}_3^{\mathrm{T}} & m_{34} \end{bmatrix} \tag{5-16}$$

由式（5-14）和式（5-15）可得到投影方程的另一表达式为

$$\lambda \boldsymbol{p} = [\boldsymbol{M}_0\,|\,\boldsymbol{m}_0]\begin{bmatrix} \boldsymbol{P} \\ 1 \end{bmatrix} \tag{5-17}$$

将式（5-17）展开可以得到

$$\begin{cases} u = \dfrac{\boldsymbol{M}_1^{\mathrm{T}}\boldsymbol{P} + m_{14}}{\boldsymbol{M}_3^{\mathrm{T}}\boldsymbol{P} + m_{34}} \\[2mm] v = \dfrac{\boldsymbol{M}_2^{\mathrm{T}}\boldsymbol{P} + m_{24}}{\boldsymbol{M}_3^{\mathrm{T}}\boldsymbol{P} + m_{34}} \end{cases} \tag{5-18}$$

$\boldsymbol{M}_1^{\mathrm{T}}\boldsymbol{P} + m_{14}=0$，$\boldsymbol{M}_2^{\mathrm{T}}\boldsymbol{P} + m_{24}=0$，$\boldsymbol{M}_3^{\mathrm{T}}\boldsymbol{P} + m_{34}=0$，三个平面的交点是摄像机的光心坐标（世界坐标），故光心 C 可以表示为

$$\boldsymbol{C} = -\boldsymbol{M}_0^{-1}\boldsymbol{m}_0 \tag{5-19}$$

投影矩阵 $\boldsymbol{M}$ 也可表示为

$$\boldsymbol{M} = [\boldsymbol{M}_0 \mid -\boldsymbol{M}_0\boldsymbol{C}] \tag{5-20}$$

由式（5-17）和式（5-19）可得，一三维点 P 可以表示为

$$\boldsymbol{P} = \boldsymbol{C} + \lambda\boldsymbol{M}_0^{-1}\boldsymbol{p} \tag{5-21}$$

　　假设在校正前已经完成了对摄像机内外参数的标定，并获得了该摄像机的透视投影矩阵 $\boldsymbol{M}$，将摄像机绕其光心旋转，当旋转到摄像机焦平面与平面镜平面垂直时，所有的极线将相互平行。

　　为进一步使所有极线变成水平，建立新的摄像机坐标系 $O\text{-}xyz$ 使得真实摄像机和虚拟摄像机光心 $C_\mathrm{r}C_\mathrm{v}$ 的连线与 X 轴平行。调整后，空间任一三维点及其虚像在摄像机像平面内的像点的垂向坐标相同。

　　设新的投影矩阵为 $\boldsymbol{M}' = \boldsymbol{A}[\boldsymbol{R} \mid -\boldsymbol{R}\boldsymbol{C}]$，其中 $\boldsymbol{R} = [\boldsymbol{r}_1^{\mathrm{T}} \ \ \boldsymbol{r}_2^{\mathrm{T}} \ \ \boldsymbol{r}_3^{\mathrm{T}}]^{\mathrm{T}}$，$r_1$、$r_2$、$r_3$ 分别表示新摄像机坐标系的 x、y、z 轴，求解如下：

　　1）新坐标系下的 X 轴平行于极线：$\boldsymbol{r}_1 = (\boldsymbol{c}_1 - \boldsymbol{c}_2)/\|\boldsymbol{c}_1 - \boldsymbol{c}_2\|$；真实摄像机光心的坐标由式（5-19）可求得，由于虚拟摄像机光心和真实摄像机光心关于镜面对

称，故虚拟摄像机光心的坐标 $\boldsymbol{c}_2 = \begin{bmatrix} -1 & & \\ & 1 & \\ & & 1 \end{bmatrix}\boldsymbol{c}_1$。

　　2）新摄像机坐标系的 Y 轴垂直于新摄像机坐标系的 X 轴，且垂直于新摄像机坐标系的 X 轴和原摄像机坐标系 Z 轴组成的平面，故 r_2 等于 k 和 r_1 的叉积，即 $\boldsymbol{r}_2 = \boldsymbol{k} \times \boldsymbol{r}_1$。其中，$k$ 为原摄像机坐标系 Z 轴方向的单位向量。

3）新摄像机坐标系的 Z 轴与 X 轴、Y 轴正交，故 r_3 等于 r_1 和 r_2 的叉积，即 $r_3 = r_1 \times r_2$。

对于空间任意一三维点，在原坐标系和新坐标系下的投影关系为

$$\begin{cases} \lambda_1 \overline{p} = M \overline{P_w} \\ \lambda_2 \overline{p'} = M' \overline{P_w} \end{cases} \tag{5-22}$$

根据式（5-21）有

$$\begin{cases} \overline{P_w} = c + \lambda_1 M_0^{-1} \overline{p} \\ \overline{P_w} = c + \lambda_2 M_0'^{-1} \overline{p'} \end{cases} \tag{5-23}$$

因此

$$\overline{p'} = \lambda M_0' M_0^{-1} \overline{p} \tag{5-24}$$

可得极线校正的变换矩阵为

$$M_b = M_0' M_0^{-1} \tag{5-25}$$

5.3.2 仿真实验

极线校正本质上是通过以摄像机光心为旋转中心旋转摄像机，使得图像特征点对对应的极线相互平行，极点处于无穷远处。为验证极线校正的效果，进行了仿真实验，如图 5-6 所示，三角符号代表摄像机所在位置，$x = 0$ 的平面定义为平面镜所在平面，世界坐标系建立在三坐标轴交点处。

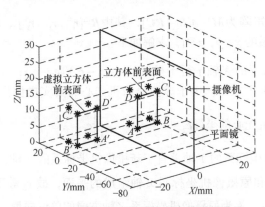

图 5-6 摄像机和三维物体所在的空间关系

图 5-7 所示为仿真摄像机拍摄的立方体前表面图像。图 5-8 所示为对应点对的极线关系，可见对应点对的极线相互不平行，将相交于极点。图 5-9 所示为经过校正后的图像，可见对应点对的极线水平且相互平行。

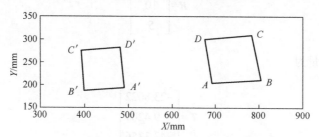

图 5-7　仿真摄像机拍摄的立方体前表面图像

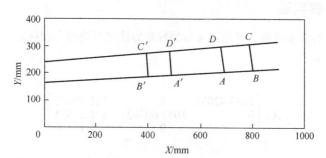

图 5-8　对应点对的极线关系

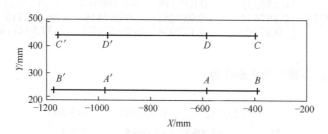

图 5-9　校正后的图像

仿真摄像机的内参数为

$$A = \begin{bmatrix} 0 & 500 & 340 \\ 500 & 0 & 270 \\ 0 & 0 & 1 \end{bmatrix}$$

旋转矩阵的角度为

$$R=\begin{bmatrix} -100 \\ 10 \\ 5 \end{bmatrix}$$

平移向量为

$$T=\begin{bmatrix} -23.8022 \\ 9.4209 \\ -43.3356 \end{bmatrix}$$

5.3.3 实物实验

为了进行真实实验，采用第 4 章的标定方法进行内外参数标定，其中内参数矩阵为

$$A=\begin{bmatrix} 1083.42031 & 0 & 521.19405 \\ 0 & 1082.60303 & 391.21631 \\ 0 & 0 & 1 \end{bmatrix} \tag{5-26}$$

外参数矩阵为

$$[R|T]=\begin{bmatrix} 0.454232 & 0.029835 & -0.890384 & -20.572326 \\ 0.167472 & -0.984481 & 0.052448 & 46.562915 \\ -0.875001 & -0.172938 & -0.452179 & 577.592318 \end{bmatrix} \tag{5-27}$$

从原图像到新图像的校正矩阵为

$$M_b=\begin{bmatrix} -1.0382 & 0.061201 & 343.66 \\ -0.0034083 & -1.0015 & 275.1 \\ -0.00041664 & 0.000024561 & 1.0995 \end{bmatrix} \tag{5-28}$$

图 5-10 所示为方形盒子在不同位置时拍摄的原始立体图像。图 5-11 所示为极线校准后的图像，直线表示对应点所在的极线，图中分别选取方形盒子的 A、B、C 点"十字符"标记处作为特征点，可以看到，极线校准后 3 个特征点的极线变成了相互平行的水平线。

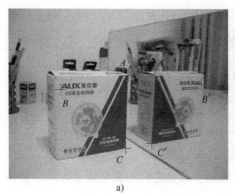

a)　　　　　　　　　　　　　　　　　　b)

图 5-10　原始的立体图像

a）物体距离镜面较近时的图像　b）物体距离镜面较远时的图像

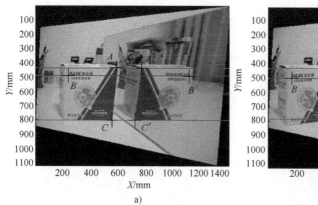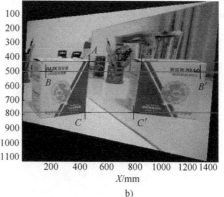

a)　　　　　　　　　　　　　　　　　　b)

图 5-11　极线校准后的图像

a）物体距离镜面较近时的校准效果　b）物体距离镜面较远时的校准效果

　　极线校正后，对应的特征点在原图以及校正后的图的坐标见表 5-1。由于参数标定误差的影响，使得校正后的极线并不刚好通过对应的特征点，而是有所偏差，采用 Francesco Isgro、Emanuele Trucco 等人提出的指标来衡量极线校正方法的精确程度，即采用校正后两幅图像对应的特征点的垂直视差的平均值来衡量校正精度。提取了 30 对特征点对，分别计算其垂直视差并求其均值得到校正精度为 0.833。

表 5-1　图像校正前后的坐标比较　　　　　（单位：像素）

		原图像点坐标	校正后的坐标	垂直视差
图 5-11a 物 体 距离镜面较近时 的图像	A、A' 点	(558，299)、(683，297)	(599，433)、(771，433)	0
	B、B' 点	(248，361)、(898，340)	(241，490)、(1121，491)	1
	C、C' 点	(546，628)、(667，606)	(557，803)、(722，803)	0
图 5-11b 物 体 距离镜面较远时 的图像	A、A' 点	(464，296)、(734，295)	(479，428)、(847，429)	1
	B、B' 点	(170，371)、(979，342)	(166，499)、(1278，500)	2
	C、C' 点	(456，629)、(718，586)	(447，785)、(798，786)	1

　　由图 5-11 可以看出，当摄像机的光轴和平面镜之间的夹角较大以及当物体距离平面镜较远时，经过极线校正后图像中的虚像变形较大，物体的实像也有不同程度的畸变，因此为减少因极线校正引起的畸变，应尽量减少光轴和平面镜之间的夹角，同时今后开展图像校准工作时应使物体尽量靠近平面镜。

第6章 单幅图像的立体匹配

在双摄像机立体视觉中,立体匹配就是已知三维空间点在一幅图像中的像点坐标,如何快速、准确地找到该空间点在另一幅图像中的坐标的问题,即对应特征点对的快速、准确寻找问题。它是立体视觉测量中最关键也是最复杂的一个环节,匹配的正确与否及精度高低将直接影响三维重构的结果。目前关于两幅图像立体匹配的算法成果层出不穷,有些算法已经比较成熟,如基于区域的立体匹配算法、基于特征的立体匹配算法和基于相位的立体匹配算法等。

对于单幅图像上基于多块(2块或4块)平面镜配合的单摄像机传感器获取的图像来说,由于其获取的像的性质相同(同时为实像或同时为虚像),像与像之间存在一致性,故可以直接采用双目立体匹配的算法来完成匹配过程。但是对于基于一块平面镜配合的单摄像机传感器获取的图像来说,图像中既包含物体本身的实像,也包括通过平面镜获得的虚像,在一副图像中获取的两个像的性质不同,特征点的相关特征并不一致,因此不能直接套用传统的立体匹配算法进行立体匹配。本章在深入研究应用于传统双目立体匹配算法的基础上,对其进行扩展,以进行基于单幅图像的立体匹配。

6.1 立体匹配算法概述

立体匹配算法依据不同的标准,有不同的分类方法。根据采用图像表示的基元不同,立体匹配算法可分为基于区域的立体匹配算法、基于特征的立体匹配算法和基于相位立体匹配算法;根据采用最优化理论方法的不同,立体匹配算法可以分为局部和全局的立体匹配算法。

基于特征的立体匹配算法一般需要进行特征提取,然后利用提取的图像特征点进行视差估计。采用的特征有局部特征和全局特征。局部特征主要包括点、边缘、线段和面信息。全局特征主要包括多边形和图像结构等图像整体信息。利用该算法,可以得到比较准确的视差信息,但最终的其视差图是稀疏的视差图,如果想要得到稠密的视差图,就需要进行插值来估计其他像素点的视差值,常用的插值方法有 Bicubic 插值法、双线性插值法等，但是计算量比较大。

基于区域的立体匹配算法以参考图像中某一待匹配像素点为中心，选择一个矩形窗口作为其约束区域，然后从目标图像中寻找与其匹配的像素点，再以寻找的像素点为中心，选择同样大小一个矩形窗口，用此区域内像素点的属性信息约束该像素点的相似性计算。在左右图像中，两个像素之间的相似性必须满足一定相似性条件，才认为它们是相似的，基于区域的立体匹配算法的目的是获取稠密的视差图。其缺点为：图像的仿射畸变和辐射畸变对其准确度影响比较大；像素点约束窗口的大小与形状选择比较困难，选择过大时，在深度不连续处，视差图中会出现过度平滑现象，选择过小时，对像素点的约束比较少，图像信息没有得到充分利用，容易产生误匹配。

以上的立体匹配算法都是在空域范围内进行图像的视差估计，而 Kuglin 和 Hines 等提出来的基于相位的立体匹配算法是在频率范围内进行视差估计，其假定在图像对应点的频率范围内，局部相位是相等的。基于相位的立体匹配算法主要是从频域相位的角度来进行像素点视差值的估计，主要的理论依据是傅里叶平移定理，即信号在空间域上的平移，在频率域表现为成比例的相位平移。

总的来说，立体匹配算法很多，这里主要介绍基于特征的立体匹配算法和基于局部区域的立体匹配算法在单幅图像的立体匹配中的应用。

6.2　基于特征点的单幅图像立体匹配

基于特征点的立体匹配算法主要是基于几何特征信息（边缘、线、轮廓、兴趣点、角点和几何基元等），针对几何特征点进行视差估计，所以先要提取图像的特征点，进而利用这些特征点的视差值信息来重建三维空间场景。采用常用的立体匹配算法得到这些特征点的视差信息，由于这些特征本身具有稀疏性和不连续性，所以其他像素的视差信息没办法得到，只能获取稀疏的深度图，为了得到每个非特征点像素的视差信息，可以通过采用不同的插值方法获取。

6.2.1　SIFT 检测算法原理

1999 年，Lowe 在深入研究了不变量特征检测算法之后，提出了 SIFT 算法。该算法在尺度空间进行特征检测，能在图像发生平移、旋转、缩放甚至发生不同类型的投影变换后都能检测到特征点，如图 6-1 所示。该算法独特性好，匹配效果较为准确，尤其适合在数据量巨大的情况下进行快速、准确的匹配。目前很多学者对该算法进行研究，提出了适应不同场合的改进算法。

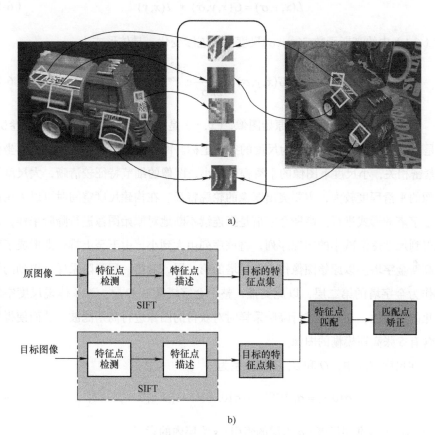

图 6-1　SIFT 特征点匹配

a）SIFT 特征点匹配示意图　b）SIFT 特征点匹配流程图

SIFT 算法一般包括以下几个步骤：

1. 尺度空间的建立

尺度是在图像特征信息的提取、处理过程中引入一个参数，通过改变尺度参数的取值，得到了不同尺度下关于图像特征信息的多幅图像，这些图像从近到远来描述特征点信息，通过对这些图像序列进行尺度空间内特征向量的提取，进而实现图像中各尺度空间上的特征、角点的提取等。

在所有的线性卷积核中，只有高斯核能实现尺度参数的变换，将原始图像和不同尺度下的高斯函数做卷积运算，所得到的图像序列称为图像的尺度空间。二维图像的尺度空间定义为

$$L(x,y,\sigma) = G(x,y,\sigma) \ * \ I(x,y) \tag{6-1}$$

式（6-1）中的高斯函数$G(x,y,\sigma)$尺度可以连续变化，具体形式为

$$G(x,y,\sigma) = \frac{1}{2\pi\sigma^2}\mathrm{e}^{\frac{-(x^2+y^2)}{2\sigma^2}} \tag{6-2}$$

式（6-1）中$I(x,y)$是原始图像，(x,y)是图像点的像素坐标，*表示卷积，σ是高斯分布的方差，也称为尺度的空间坐标。图像的平滑程度与尺度空间坐标σ紧密相关，小尺度下图像的平滑程度较小，图像的细节特征较清晰，大尺度下图像的平滑程度较大，主要突出图像的轮廓特征。在构建尺度空间时可以采用高斯金字塔的形式进行。高斯金字塔是指连续不断地对原始图像进行降阶采样，由此得到尺寸逐渐减小的图像序列，将该序列由大到小，由下至上排列即形成了图像高斯金字塔。以原始图像作为金字塔的第一层，对第一层降阶采样后得到的图像作为金字塔的第二层，以此类推，整个金字塔共有O层。为了体现尺度空间变化的连续性，在每次进行降阶采样时对获得的图像进行高斯滤波，从而使得每层含有S张高斯模糊的图像。

在尺度空间中，O和S、σ的关系为

$$\sigma(o,s) = \sigma_0 2^{o+s/S} \qquad o \in [0,\cdots,O-1], s \in [0,\cdots,S+2] \tag{6-3}$$

式中，σ_0为基准层尺度；o为层的索引；s为层内的索引。

本节共构造了5个尺度层，设第0层内尺度坐标从第一张到最后一张分别为：σ、$k\sigma$、$k^2\sigma$、$k^3\sigma$、$k^4\sigma$，其中$k = 2^{1/s}$，为层内总张数的倒数。下一层的第一幅图像由上一层的最后一幅图像降阶采样得到。

图6-2所示为高斯金字塔的两层空间图像，每层含有5张图像；左侧较大的图像为第一层，右侧较小的图像为第二层，对左侧图的最后一幅图像进行降阶采样可以得到右侧图的第一幅图像。其余层依次类推。图6-3所示为一幅图像的高斯金字塔，共有4层，每层有6张图像。

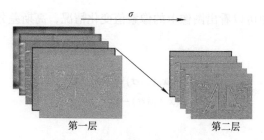

图 6-2　图像高斯金字塔的构建

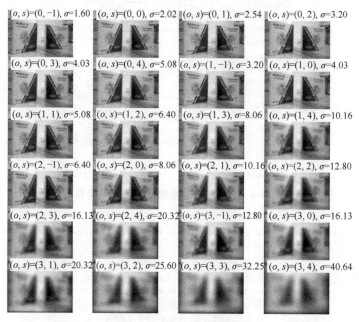

图 6-3　一幅图像的高斯金字塔

2. 高斯差分尺度空间建立

采用高斯拉普拉斯微分算子 $\sigma^2\nabla^2 G$ 对图像进行卷积，可以有效地在各层高斯金字塔上进行极值点的检测，但直接采用 $\sigma^2\nabla^2 G$ 对图像进行卷积，运算量很大，Linmdeberg 经过研究，发现高斯差分算子（简称 DoG 算子）与进行归一化处理后的 $\sigma^2\nabla^2 G$ 很相似，两者对图像卷积运算后差别不大，因此可以使用效率更高的高斯差分算子进行极值检测 [式（6-4）]。在求解时，先对图像进行变换得到高斯图像金字塔，然后将每层图像序列中相邻的两张图像做差分运算，即可得到每一层的高斯差分图像。多层高斯差分图像一起组成了高斯差分金字塔，如图 6-4

所示。从图 6-5 中可以看出图像上的像素值变化情况，高斯差分图像主要描绘的是目标的轮廓。

$$
\begin{aligned}
D(x,y,\sigma) &= (G(x,y,k\sigma) - G(x,y,\sigma)) * I(x,y) \\
&= L(x,y,k\sigma) - L(x,y,\sigma)
\end{aligned}
\tag{6-4}
$$

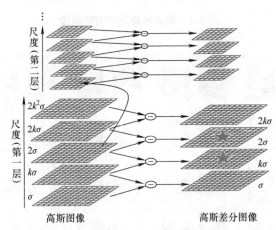

图 6-4   高斯差分图像和高斯图像的关系

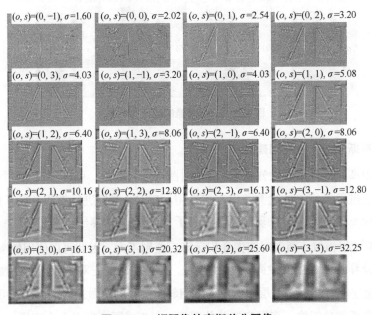

图 6-5   一幅图像的高斯差分图像

3. 尺度空间极值点检测

高斯差分图像金字塔中所有局部极值点组成了关键点，为了搜索高斯差分图像金字塔中每一张图像的极值点，需要将每一个像点的像素值和它处于同一张图像上的八邻域像素点以及上下相邻图像的十八邻域像素点进行比较，比较该像素点与同层邻域内像素点的灰度值和相邻层邻域内像素点灰度值的大小。如图 6-6 所示，如果该像素点的灰度值比其邻域 26 个像素点的灰度值都大或者都小，则该点为该尺度下的极值点。

4. 精确确定极值点位置

由于某些极值点对高斯差分算子响应较弱，而同时一些边缘点对高斯差分算子响应过强，因此求得的极值点并不都是非常稳定的，还需要进一步通过函数拟合来

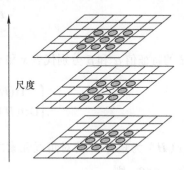

图 6-6　DoG 尺度空间局部极值检测

对极值点的位置和尺度进行精确定位，并去除响应较弱以及不稳定的极值点和边缘点，以提高匹配的准确性和增强抵抗噪声的能力。

对尺度空间的高斯差分算子进行曲线拟合，其泰勒展开式为

$$D(X) = D + \frac{\partial D^{\mathrm{T}}}{\partial X} X + \frac{1}{2} X^{\mathrm{T}} \frac{\partial^2 D}{\partial X^2} X \qquad (6\text{-}5)$$

其中，$X = [x, y, \sigma]^{\mathrm{T}}$。对式（6-5）求导后的方程求解，可以得到极值点为

$$\hat{X} = -\frac{\partial^2 D^{-1}}{\partial X^2} \frac{\partial D}{\partial X} \qquad (6\text{-}6)$$

在该极值点处方程的解如下：

$$D(\hat{X}) = D + \frac{1}{2} \frac{\partial D^{\mathrm{T}}}{\partial X} \hat{X} \qquad (6\text{-}7)$$

其中，$\hat{X} = [x, y, \sigma]^{\mathrm{T}}$ 代表相对于插值中心的偏移值大小，当它在任一维度上的偏移值超过 0.5 个像素时，表明插值中心点已经偏移到相邻的像素点上，因此需要改变当前关键点的位置，同时在新的位置上一直进行插值运算直到收敛于该点。通过对极值点进行精确定位，得到关键点的精确坐标位置和所在尺度。

由于 $|D(\hat{X})|$ 过小的极值点容易受噪声的干扰而变得不稳定，根据 Lowe 的经验，通常将 $|D(\hat{X})| < 0.03$ 的极值点视为不稳定点而予以去除。由于高斯差分算子在边缘的横向主曲率较大，在竖向主曲率较小，因此可以通过主曲率剔除不稳定的边缘响应点。主曲率可以通过特征点处的 Hessian 矩阵 H 求出。

$$H = \begin{bmatrix} D_{xx} & D_{xy} \\ D_{xy} & D_{yy} \end{bmatrix} \tag{6-8}$$

H 的特征值 α 和 β 分别代表 x 和 y 方向的梯度值大小。

$$\begin{cases} \mathrm{Tr}(H) = D_{xx} + D_{yy} = \alpha + \beta \\ \mathrm{Det}(H) = D_{xx}D_{yy} - (D_{xy})^2 = \alpha\beta \end{cases} \tag{6-9}$$

$\mathrm{Tr}(H)$ 为矩阵 H 的对角线元素之和，$\mathrm{Det}(H)$ 为矩阵 H 的行列式。设 $\alpha > \beta$，令 $\alpha = r\beta$，则

$$\frac{\mathrm{Tr}(H)^2}{\mathrm{Det}(H)} = \frac{(\alpha+\beta)^2}{\alpha\beta} = \frac{(r\beta+\beta)^2}{r\beta^2} = \frac{(r+1)^2}{r} \tag{6-10}$$

D 的主曲率随着 H 的特征值的增加而增大，式（6-10）的值是 r 的增函数，当 $r=1$ 时即两个特征值相等时最小，随着 r 的增加其值也随着增加。r 的值越大，说明特征值 α 和 β 两者之间的差别越大，也就是说，在某一个方向梯度值越大，而在与之垂直的方向梯度值越小，而这正是边缘点所具备的特点。比值越大，说明边缘的特征越明显，因此可以设置一阈值，当两特征值的比值小于该阈值时，表明该关键点为非边缘点予以保留，反之，则该关键点为边缘点，予以去除。对于一给定的 r，当满足式（6-11）时保留关键点。Lowe 建议一般取 $r=10$。

$$\frac{\mathrm{Tr}(H)^2}{\mathrm{Det}(H)} < \frac{(r+1)^2}{r} \tag{6-11}$$

5. 关键点方向确定

为了使关键点的描述符在图像发生平移、旋转等变化时仍然具有不变性，需要为每一个关键点确定一个基准方向，该方向充分利用该关键点邻域的图像局部邻域性质和特征，反映该关键点和其邻域之间的相互关系，并且在该关键点和其邻域同时做某种变换时具有方向的确定性。对于该关键点邻域的每一个像素点来

说，其梯度模值的大小和方向可以按式（6-12）进行计算。

$$\begin{cases} m(x,y) = \sqrt{[L(x+1,y) - L(x-1,y)]^2 + [L(x,y+1) - L(x,y-1)]^2} \\ \theta(x,y) = \tan^{-1}\{[L(x,y+1) - L(x,y-1)]/[L(x+1,y) - L(x-1,y)]\} \end{cases} \quad (6\text{-}12)$$

式中，L 为各个关键点的尺度空间。

　　在确定关键点邻域每个像素点的梯度模值和方向后，为了直接观察，按梯度的方向范围统计所有邻域像素的梯度值，以直方柱图的形式显示。梯度直方柱图的角度范围是 $0 \sim 2\pi$，其中每 $\pi/18$ 的角度范围作为一个直方柱，共分成 36 个直方柱。最高的直方柱所在的方向为该关键点邻域梯度的主方向，即该关键点的方向，如图 6-7 所示。

　　在用直方柱图统计所有邻域像素的梯度方向时，不将同方向像素点的梯度值直接相加。由于各像素距离关键点的距离不同，其对关键点的贡献也就有所区别，因此需要用高斯分布参数 σ 对梯度的模值 $m(x,y)$ 进行加权，该参数的大小决定了加权的范围，一般取 1.5 倍的关键点尺度大小。加权范围在图 6-8 左侧图中用圆形表示，越靠近中心权值越大，越靠近边缘权值越小。图 6-8 右侧图中为八方向的方向直方柱图加权计算的结果，实际上为了提高后续匹配的稳定性，Lowe 采用的是三十六方向的直方柱图。

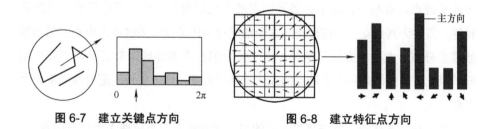

图 6-7　建立关键点方向　　　　　图 6-8　建立特征点方向

　　方向直方柱图代表了该关键点处邻域的梯度方向分布以及每个方向的梯度大小，以直方柱图中最大值作为该关键点的主方向。为了增强对应点对匹配的鲁棒性，只保留峰值中大于主方向峰值 80% 的方向作为该关键点的辅方向。因此，对于同一梯度值的多个峰值的关键点位置，在相同位置和尺度将会有多个关键点被创建但方向不同。仅有 15% 的关键点被赋予多个方向，但可以明显地提高关键点匹配的稳定性。

通过以上步骤，可检测出处于不同尺度、不同位置的关键点，这些关键点组成了该图像的 SIFT 特征点。

图 6-9 所示为采用 SIFT 特征点检测方法获得的特征点。其中左侧的实图像特征点数为 1981，右侧的虚图像特征点数为 1964。

图 6-9　一幅图像的特征点

6. 特征点描述子生成

检测出的每一个关键点，拥有位置、尺度以及方向 3 个信息。为了让检测出的关键点具有唯一性即不因各种因素的变化而改变，比如平移缩放、视角旋转等，需要为其建立一个描述符。这个描述符描述了以该关键点为中心的周围邻域像素分布、大小、方向等情况，由于每个像素点的邻域像素情况都不完全相同，因此所得到的每一个关键点的描述符都具有唯一性，使得匹配的准确率大大提高。

为了获得描述子，首先将关键点的主方向旋转至与坐标轴 X 轴正方向重合，使得在计算关键点的邻域梯度分布时，都以主方向为基准方向，且在图像发生变化时，对应关键点的描述子仍不发生变化。由于越靠近关键点的邻域像素梯度贡献越大，所以在计算描述子时并不是将邻域同方向的像素点梯度值直接相加，而是按照高斯分布进行加权求取，此外每个像素点并不构成一个描述子，而是将关键点邻域进行图像区域分块，每一块内像素梯度统计的结果所生成的向量作为一个描述子。

如图 6-10 所示，左侧图中正方形中心的圆点表示关键点所处的位置，小正方形表示该关键点邻域的像素点，箭头方向表示邻域像素点的梯度方向，箭头的长度表示每个像素点梯度模值的大小。取关键点邻域 8×8 的窗口，每 4×4 个小正方形邻域像素组成一个种子点，在每个种子点上对不同方向的梯度模值进行累加即可得到该种子点的特征向量。右侧图中的关键点特征向量共由 4 个种子点组成，每个种子点有 8 个梯度方向信息，故一个关键点共有 4×8 = 32 个方向信息。

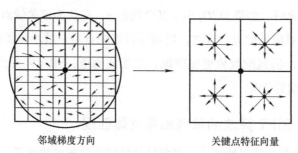

邻域梯度方向　　　　　　　　关键点特征向量

图 6-10　由关键点邻域梯度信息生成特征向量

实际计算过程中，为了增强匹配的稳定性，可以增加关键点邻域的种子点数目，Lowe 对其邻域分成 16 块，共生成 16 个种子点，这样对于一个关键点来说就形成了一个 16×8=128 维的特征向量，该特征向量已不含有尺度、旋转等几何变形信息，为去除图像灰度值整体漂移、光照等带来的影响，对该特征向量进行归一化，设得到的描述子向量为 $H=(h_1,h_2,\cdots,h_{128})$，归一化后的特征向量为 $L=(l_1,l_2,\cdots,l_{128})$，则

$$l_i = \frac{h_i}{\sqrt{\sum_{j=1}^{128} h_j}} \qquad j=1,2,3,\cdots,128 \qquad (6\text{-}13)$$

由于周围环境非线性光照、摄像机饱和度的变化会导致某些方向的梯度值过大，因此可以设置门限值去除梯度值较大的特征点，并对特征向量进行长度归一化后按特征点的尺度进行排序。

当同一三维物体的两幅图像中所有的 SIFT 特征向量生成后，就可以进行对应特征点的匹配搜索，常用的匹配搜索方法是通过比较对应特征向量的欧式距离

来实现。欧氏距离的计算公式为

$$D = \sqrt{(l_1 - l_1')^2 + (l_2 - l_2')^2 + (l_{128} - l_{128}')^2} \qquad (6\text{-}14)$$

其中，$(l_1, l_2, \cdots, l_{128})$，$(l_1', l_2', \cdots, l_{128}')$ 为待匹配的对应特征向量。采用穷举法找到最精确的最近邻距离和次近邻距离，用最近邻算法以及阈值判决来找到最佳匹配点。

在其中一幅图像中选择某个关键点，将其与另一幅图像中的所有关键点进行比较，对得到的欧式距离进行排序，取该序列中最近和次近的距离 D_1、D_2，求取 D_1 和 D_2 的比值，如果 D_1/D_2 小于某个阈值 δ，则认为该关键点为第一幅图像中某关键点的对应匹配点。反之，则剔除该匹配点对。减小该阈值，SIFT 匹配点数目会减少，但匹配效果更加准确；增加该阈值，SIFT 匹配点数目会增多，但会出现误匹配的情况。

6.2.2　基于 SIFT 算法的单幅图像立体匹配

由于 SIFT 算法是以特征点及其邻域的特征方向形成描述子为基础进行匹配运算的，而描述子具有旋转不变性，即无论两幅图像以怎样的形式旋转，只要含有共同特征，都能进行匹配，但是基于一块平面镜配合的单摄像机传感器获取的图像和传统的双目立体视觉传感器以及其他采用多块（2 块或 4 块）平面镜配合的单摄像机传感器有很大的不同：后者通过平面镜获取的像都是实像，而前者通过平面镜获得的像既有实像也有虚像，同一三维点的两个像点相对于平面镜对称，相应的描述子并不一致。因此，并不能直接套用传统的立体匹配方法进行匹配。

1. 单幅图像关键点邻域分析

单幅图像中对应关键点的描述关系如图 6-11 所示。采用平面镜配合的单目立体视觉传感器获得的单幅图像中实像和虚像某一点的描述子主方向关系如下：

图 6-11 中，箭头所指的方向为某关键点的邻域梯度主方向，图中的四角星为该关键点邻域的一点；设图 6-11a 所示为实像中某关键点的邻域，找出其主方向并旋转至和 x 轴重合；图 6-11b 所示为虚像中某关键点的邻域，同样找出其主方向并旋转至和 x 轴重合；由于两者的 x 轴方向不一致，但在计算描述子时是将关键点的主方向作为 x 轴来进行计算的，故将图 6-11b 旋转至和图 6-11a 的 x 轴方向一致，即得到图 6-11c。

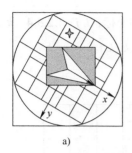 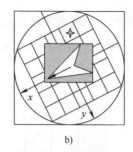 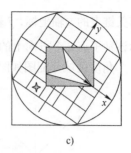

a) b) c)

图 6-11　单幅图像中对应关键点的描述关系

a）实像中某关键点的邻域　b）虚像中某关键点的邻域　c）某关键点变换后的描述子

将虚像的图像 x 轴旋转后可以发现，该关键点的邻域点的坐标位置（图 6-11a 和图 6-11c 标记四角星的位置）关于 x 轴对称，即对于真实图像中某关键点邻域的一点 (x, y)，其在镜像图像中的位置为 (x', y')，则 $x' = x$，$y' = -y$。

设该点的梯度为

$$\mathrm{grad}I(x, y) = \left(\frac{\partial I}{\partial x}, \frac{\partial I}{\partial y} \right) \tag{6-15}$$

则梯度方向为

$$\theta(x, y) = \arctan\left(\frac{\partial I}{\partial y'} \Big/ \frac{\partial I}{\partial x} \right) = -\arctan\left(\frac{\partial I}{\partial y} \Big/ \frac{\partial I}{\partial x} \right) \tag{6-16}$$

即关键点的两个对应邻域点的梯度方向关于 x 轴对称。

因此，将虚像中关键点临域点的位置、梯度方向做关于 x 轴的对称后，实像和虚像对应关键点的描述子具有一致性，即两者是一对匹配点。

取关键点邻域 8×8 的窗口，分成 4×4 共 16 个区域即 16 个种子点，在每 2×2 个邻域窗口即一个种子点上计算 8 个方向的梯度高斯加权直方柱图，将同方向的梯度值累加得到一个 8 维的向量，在关键点邻域使用 16 个种子点共 128 维向量来描述，如图 6-12 所示。因此对于每个种子点来说，依然满足上述的对称条件。将该点做关于 x 轴的对称：

设某个种子点 $p(i, j, \mathbf{k})$，i 表示该种子点距

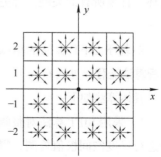

图 6-12　邻域种子点的位置关系

离关键点的 x 轴坐标，j 表示该种子点距离关键点的 y 轴坐标，$i, j = 1, 2, 3, 4$。$\boldsymbol{k}$ 表示该种子点 8 个方向上的梯度向量，$\boldsymbol{k} = [k_1, k_2, k_3, k_4, k_5, k_6, k_7, k_8]$。

角度区域分配图如图 6-13 所示。

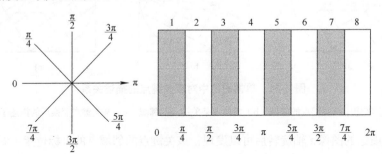

图 6-13　角度区域分配图

转换后的种子点 p' 及梯度方向 k' 为

$$p' = (i', j', \boldsymbol{k}') = (i, -j, \boldsymbol{k}'), \quad \boldsymbol{k}' = [k_1, k_8, k_7, k_6, k_5, k_4, k_3, k_2]。$$

采用前述 SIFT 算法获得整幅图像上的关键点特征向量后，将所有的关键点按顺序排列，取第一个关键点，将其所有的种子点都进行转换，得到转换后的对应关键点，比较该关键点和图像中其余关键点的欧式距离，找到距离最近的关键点，即为匹配点；然后在原图像上将该匹配点对剔除，并在原图像上取第二个关键点，进行上述循环，直至所有的关键点都完成匹配。

2. 基于 SIFT 算法的单幅图匹配算法流程（见图 6-14）

具体算法如下：

1）采用 SIFT 算法对整幅图像进行尺度空间极值检测，得到整幅图像上的关键点，对这些关

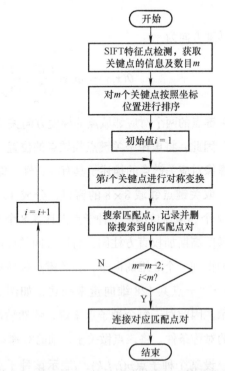

图 6-14　基于 SIFT 算法的单幅图匹配算法流程图

键点进行排序得到关键点序列。

2）按序列顺序，按照上述的分析方法，对图像中得到的第一个关键点的描述子进行位置、方向的对称变换。

3）在其余关键点中按照匹配原则寻找距离上一步变换后的关键点最近的关键点，即匹配点。

4）如果符合匹配条件，在关键点序列中剔除上一步得到的匹配点对，在关键点序列中继续找出一个新的关键点，对其进行位置、方向的调整。

5）重复2）、3）、4）步，直至所有的关键点都完成匹配。

6.2.3 Harris 检测算法原理

Harris 角点检测算法的基本思想是利用图像的灰度变化率来确定角点，该方法通过计算一个与图像自相关函数相联系的矩阵 M 的特征值，即自相关函数的一阶曲率来判定某点是否为角点，如果两个曲率值都高，那么就认为该点是角点。Harris 角点检测算子定义任意方向上的自相关值 $E(u,v)$ 为一组方形区域中图像灰度误差的总和，即

$$E(u,v) = \sum_{x,y} w(x,y)[f(x+u,y+v) - f(x,y)]^2 \tag{6-17}$$

写成矩阵形式为

$$E(u,v) = [u \ \ v] M \begin{bmatrix} u \\ v \end{bmatrix}, \quad M = \begin{bmatrix} I_x^2 & I_x I_y \\ I_x I_y & I_y^2 \end{bmatrix} \tag{6-18}$$

式中，矩阵 M 是自相关函数 $E(u,v)$ 的近似 Hessian 矩阵，如果矩阵 M 的两个特征值都比较大，说明在该点的图像灰度自相关函数的两个正交方向上的极值曲率均较大，故可认为该点为角点。Harris 特征点提取算法的步骤为：

1）计算相关系数。利用水平、竖直差分算子对图像的每个像素进行滤波以求得 I_x、I_y，进而求得 M 中 4 个元素的值。

2）计算 M 矩阵。对 M 的 4 个元素进行高斯平滑滤波，消除一些不必要的孤立点和凸起，得到新的矩阵 M。

3）计算像素点的 R 值。利用 M 计算对应每个像素的角点响应函数 R，即 $R = \det(M) - k[\mathrm{trace}(M)]^2$，$k$ 通常取 $0.04 \sim 0.06$，M 的大小只与 M 的特征值有关。

4）角点判断。在矩阵 R 中，同时满足 $R(i,j)$ 大于一定阈值和 $R(i,j)$ 是某邻域内的局部极大值，则被认为是角点。

按照上面描述的 Harris 角点检测算法的步骤对图像特征点的检测结果如图 6-15 所示。实验中窗口半径为 3 像素，高斯平滑因子为 1，阈值为 3000，非极大值抑制半径为 8 像素。检测到的特征点见表 6-1。

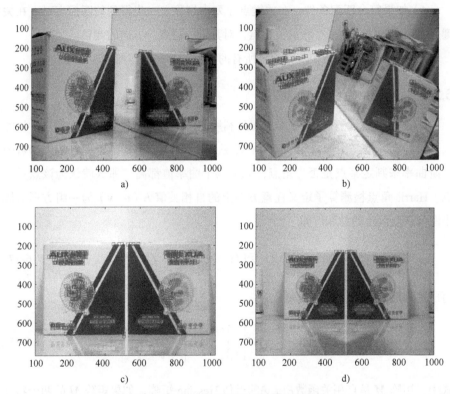

图 6-15　Harris 特征点检测效果对比

a）原图像检测到的特征点　b）旋转变化后检测到的特征点
c）比例较大时检测到的特征点　d）比例较小时检测到的特征点

表 6-1　各图像检测到的特征点数对比

	图 6-15a 特征点数	图 6-15b 特征点数	图 6-15c 特征点数	图 6-15d 特征点数
左侧实像	376	225	391	286
右侧虚像	234	299	226	152

可见，该算法计算相对简单，提取出来的特征点均匀合理，是一种稳定性较

好的检测算法；当图像发生旋转或者缩放变化时，Harris 角点检测算法检测到的特征点个数、位置均不完全相同，即该算法不具有旋转不变性，且角点的数目、精度同时受到阈值、非极大值抑制半径、平滑因子等多个参数的影响，不同场合需要选择不同参数才能达到比较好的效果。

6.2.4　实验结果

实验分别将光轴和镜面不平行、光轴和镜面平行的情况下获取的图像进行立体匹配，分别在阈值为 0.8、0.7、0.6 时得到了几组的匹配效果，实验结果如图 6-16～图 6-19 和表 6-2 所示。

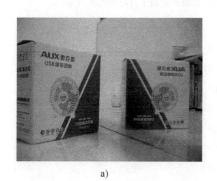
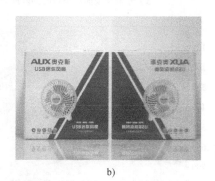

a)　　　　　　　　　　　　　　　　　　b)

图 6-16　采集的单幅图像

a）光轴和镜面不平行时采集的图像　b）光轴和镜面平行时采集的图像

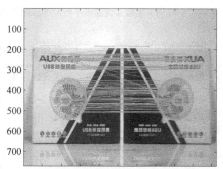

a)　　　　　　　　　　　　　　　　　　b)

图 6-17　阈值为 0.8 时的匹配效果

a）光轴和镜面不平行时的匹配效果　b）光轴和镜面平行时的匹配效果

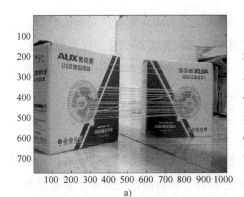

图 6-18 阈值为 0.7 时的匹配效果

a）光轴和镜面不平行时的匹配效果　b）光轴和镜面平行时的匹配效果

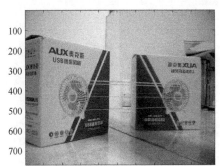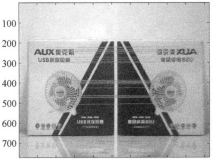

图 6-19 阈值为 0.6 时的匹配效果

a）光轴和镜面不平行时的匹配效果　b）光轴和镜面平行时的匹配效果

表 6-2 各图像的 SIFT 算法匹配效果对比

图像类别	实、虚图像的特征点数	匹配阈值	匹配点对数	正确率	匹配耗时 /s
光轴和镜面不平行时的图像	1173　808	0.8	81	61.7%	1.734
		0.7	32	86.5%	1.656
		0.6	7	100%	0.922
光轴和镜面平行时的图像	1015　597	0.8	198	75.2%	0.968
		0.7	85	88.4%	0.640
		0.6	27	98%	0.578

在实验时分别采用两幅不同的图像在不同的阈值计算匹配点数，在计算正确

率时，以 RANSAC 算法匹配的结果为准，将获取的匹配点数与之相比即可得到正确率。匹配点对数、正确率、耗时随匹配阈值的变化曲线如图 6-20 所示。

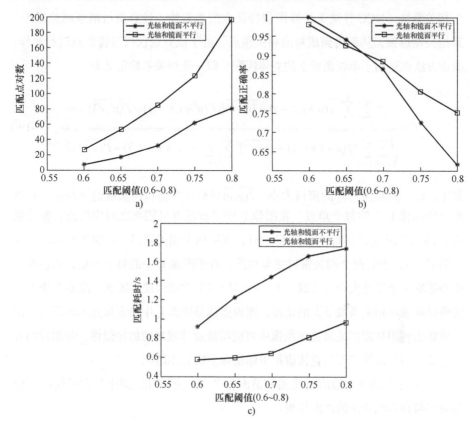

图 6-20 匹配点对数、正确率、耗时随匹配阈值的变化曲线

由以上实验结果可以看出，当匹配阈值较大时，匹配的点对较多，但存在不准确、误匹配的情况；当阈值设置较小时，点对匹配效果比较准确，很少出现误匹配的情况，但匹配点对数较少，使得后续的三维重建不准确，或不能完全重建三维物体。在相同的阈值情况下，光轴和镜面平行时匹配点数较多，匹配耗时较长。

6.2.5 Harris 算法和 SIFT 算法的比较

Harris 特征点匹配是基于区域的匹配方法。以某一特征点为中心在一幅图像中选取一个窗口，然后用同样大小的窗口在需要匹配的图像中移动，与第一幅图像中的窗口区域进行比较，通过一定的相似性来确定匹配关系，一般采用归一化互相关算法（NCC算法）计算图像特征点的相关性，计算所得结果越趋近于1其相关性越强，从而得到成对的相关角点。由于该算法仅仅对特征点进行操作，故该方法也适用于单幅图像上的立体匹配。归一化相关系数定义为

$$C=\frac{\sum_{i=-k}^{k}\sum_{j=-l}^{l}[I(u+i,v+j)-\overline{I(u,v)}][I'(u'+i,v'+j)-\overline{I'(u',v')}]}{\sqrt{\sum_{i=-k}^{k}\sum_{j=-l}^{l}[I(u+i,v+j)-\overline{I(u,v)}]^2\sum_{i=-k}^{k}\sum_{j=-l}^{l}[I'(u'+i,v'+j)-\overline{I'(u',v')}]^2}}\quad(6\text{-}19)$$

其中，k、l 是相关运算的窗口大小，$\overline{I(u,v)}$ 是对应的窗口内灰度的平均值，对于给定的图像 I_1 中的每个角点，在图像 I_2 中寻找所有可能与之对应的点。相关系数 C 的取值范围为 $[-1, 1]$，若 $C = -1$，表明两个相关窗口一点也不相似；相反如果 $C = 1$，表明两个相关窗口完全相同。对于图像 I_1 中的每个角点，以该点为中心选取一个尺寸大小为 $(2k + 1) \times (2l + 1)$ 的矩形搜索区域，搜索 I_2 中对应的窗口区域内相关系数最大的角点，则该点就是图像 I_1 中给定角点的匹配点。由于该算法利用灰度相关来描述图像中对应特征点邻域之间的相似性，与图像的方向无关，因此该算法可以直接应用单幅图像上的立体匹配。

图 6-21 和表 6-3 给出了光轴和镜面不平行、光轴和镜面平行两种情况下分别采用两种匹配算法的匹配结果。

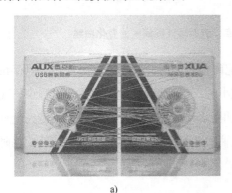 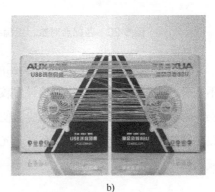

a)   b)

图 6-21　Harris 算法和 SIFT 算法匹配结果

a）光轴和镜面平行时 Harris 匹配结果　b）光轴和镜面平行时 SIFT 匹配结果

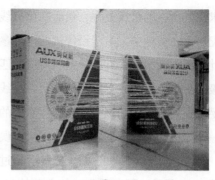

c)　　　　　　　　　　　　　　d)

图 6-21　Harris 算法和 SIFT 算法匹配结果（续）

c）光轴和镜面不平行时 Harris 匹配结果　d）光轴和镜面不平行时 SIFT 匹配结果

表 6-3　SIFT 算法和 Harris 算法匹配效果对比

图像类别	算法	匹配点对数	RANSAC 匹配点对数	正确率	耗时 /s
光轴和镜面不平行时的图像	SIFT 算法	127	79	62.2%	2.375
	Harris 算法	116	32	27.6%	1.781
光轴和镜面平行时的图像	SIFT 算法	187	121	64.7%	4.766
	Harris 算法	106	32	30.2%	1.500

在实验中分别采用 Harris 算法和 SIFT 算法进行立体匹配，为验证匹配的正确性，采用以 RANSAC 算法得到的结果为标准来计算正确率。从上面的实验结果可以看出，由于 Harris 算法匹配只是利用灰度相关来描述图像中对应特征点邻域之间的相似性，而最大灰度相关并不一定对应正确的匹配角点，因此该算法的匹配结果误差较大，从图 6-21 和表 6-3 也可以很清楚地反映出来，匹配的结果出现了很多误匹配。而 SIFT 算法匹配的结果相对来说较为准确。从时间上来看，SIFT 算法由于准确率较高，故其算法复杂度也较高，耗时较 Harris 算法少。

6.2.6　在 SIFT 算法基础上提出改进的算法

由于极线约束能把对应的匹配点压缩在一条极线上，因此在关键点的匹配过程中，通过极线约束可以大幅度地缩减对应匹配点的搜索范围，把搜索范围从整幅二维图像压缩到过对应匹配点的一维极线上。理论上，对于每个特征点，只需求出其所在的极线方程，然后在该极线上寻找对应的匹配点即可实现对应点的匹配。但在实际中，由于摄像机的内外参数在标定过程中总存在一定的误差，导致计算出的极线位置有所偏差，对应的匹配点对不一定刚好在极线上，因此可以以极线为中心设定一个阈值范围，在极线的阈值范围内进行匹配点的搜索，如果满足匹配的条件，则该关键点即为对应的匹配点。这样就把匹配点对的搜索压缩在一个较小的区域范围内，有效减少了误匹配的情况。

实验中在极线区域内最大不超过 5 像素范围内寻找匹配点，实验结果如图 6-22 所示。可以看到，与上节的实验结果相比，匹配的点对很稠密，而且匹配很准确，匹配效果很好。

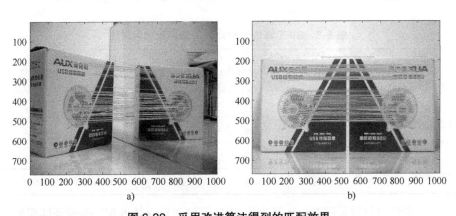

图 6-22　采用改进算法得到的匹配效果

a）光轴和镜面不平行时的匹配效果　b）光轴和镜面平行时的匹配效果

6.3　基于区域的单幅图像立体匹配

6.3.1　基于区域的立体匹配概述

全局立体匹配算法主要是采用全局的优化理论方法估计视差，建立全局能量函数，通过最小化全局能量函数得到最优视差值。主要的算法有图割、信念传播、动态规划算法等。全局立体匹配算法通过能量最小化方法进行视差估计，在其建立的能量函数中，除了数据项之外，还有平滑项。数据项主要是测量像素之间的相似性问题，而平滑项是平滑像素之间的视差关系，保证相邻像素之间视差的平滑性。全局立体匹配算法得到的结果比较准确，但是其运行时间比较长，不适合实时运行。

优秀的全局立体匹配算法有图割（Graph Cuts）算法和信念传播（Belief Propagation）算法，图割算法和信念传播算法都是基于马尔科夫随机场，只是采用不同的推理过程和不同形式的马尔科夫随机场。图割算法是在建立的有向或无向图中，给每一条边赋予权值，采用最小割或最大流（Min-Cut/Max-Flow）的表现形式，利用基于图的方法进行推理，所以首先要建立图框架，把能量函数计算的匹配代价赋给各个边，利用能量最小割的方法找到一条最佳视差割。信念传播算法是采用概率的表达形式，利用标准的马尔科夫网络，采用最大后验概率求取最小能量方程值。其能量方程可以采用求和、乘积等不同形式的表达式，通过迭代的方法把邻域的视差信息传递给相邻像素，利用能量函数最小化估计视差值。

局部立体匹配算法主要是采用局部优化方法进行视差值估计。局部立体匹配算法有 SAD（Sum of Absolute Differences，灰度差绝对值之和）、SSD（Sum of Squared Differences，灰度差平方之和）等算法，与全局立体匹配算法相同，也是通过能量最小化方法进行视差估计，但是在能量函数中，只有数据项，而没有平滑项。局部立体匹配算法主要是利用局部的信息进行能量最优化，所以得到的视差估计是局部最优，而不是全局最优。局部立体匹配算法得到的视差值准确度不是很高，但是其速度比较快，效率比较高，能满足实时性要求。局部立体匹配算法主要分为三类：自适应窗体立体匹配算法、自适应权值的立体匹配算法和多窗体立体匹配算法。这些算法都是从邻域像素中选择最佳的支持区域和支持像素，即尽可能选择与要计算像素具有相同真实视差的像素点作为其支持像素，利用支持像素进行邻域约束，得到比较好的视差估计。自适应窗体立体匹配算法是窗体进行自适应变化，包含大小和形状，针对不同的变化规则具有不同的算法。多窗体立体匹配算法主要是从多个窗体中，按照一定的规则，选择最佳的窗体进行视差估计。自适应权值的立体匹配算法主要是建立邻域像素的真实支持度关系，根据它们的属性不同建立不同的支持度模型，从而反映它们之间真实的视差关系。

局部立体匹配算法一般分为 4 个步骤：代价计算、代价聚合、视差计算和视差求精。通过代价计算和代价聚合计算出初始视差值，再通过视差求精的方法得到较为精确的视差图。

相似性测度方法一般使用 SSD、ZSSD（Zero-mean Sum of Squared Differences，零均值灰度差平方和）、SAD、ZSAD（Zero-mean Sum of Absolute Differences，零均值灰度差绝对值之和）、NCC（Normalized Cross Correlation，归一化互相关）等。各种相似性测度公式如下：

（1）SSD

$$SSD(x,y,d) = \sum_{i=-m}^{m} \sum_{j=-n}^{n} [I_1(x+i,y+j) - I_r(x+i+d,y+j)]^2 \quad (6\text{-}20)$$

其中，I_1 是左图像，即参考图像，I_r 表示右图像，即目标图像。目标窗口大小为 $(2m+1) \times (2n+1)$，i、j 表示偏移量，d 表示视差。

（2）SAD

$$SAD(x,y,d) = \sum_{i=-m}^{m} \sum_{j=-n}^{n} |I_1(x+i,y+j) - I_r(x+i+d,y+j)| \quad (6\text{-}21)$$

SAD 算法不用计算均方值，计算量大大降低，但却更容易受到噪声的影响，在窗口内灰度值变化较大时，会对视差计算结果产生较大的影响。

（3）ZSAD

$$ZSAD(x,y,d) = \sum_{i=-m}^{m} \sum_{j=-n}^{n} |I_1(x+i,y+j) - \overline{I_1}(x,y) - [I_r(x+i+d,y+j) - \overline{I_r}(x,y)]| \quad (6\text{-}22)$$

ZSAD 由于去除了灰度均值的影响，从而在一定程度上增加了算法的鲁棒性，视差求取结果不易受到亮度变化带来的较大影响，在视差处理时也更加细腻，能够保留较多的细节部分。

（4）NCC

$$NCC(x,y,d) = \frac{\displaystyle\sum_{i=-m}^{m} \sum_{j=-n}^{n} |I_1(x+i,y+j) I_r(x+i+d,y+j)|}{\sqrt{\displaystyle\sum_{i=-m}^{m} \sum_{j=-n}^{n} I_1^2(x+i,y+j) \sum_{i=-m}^{m} \sum_{j=-n}^{n} I_r^2(x+i+d,y+j)}} \quad (6\text{-}23)$$

NCC 将互相关函数做归一化处理，以此来减少处理结果对图像亮度变化的依赖。

6.3.2 基于区域的 SAD 立体匹配算法

SAD 是一种图像匹配算法。基本思想是将每个像素对应数值之差的绝对值求和，据此评估两个图像块的相似度。该算法快速、但并不精确，通常用于多级处理的初步筛选。

对于某物体在同一时刻左右摄像机拍摄得到的左右图像进行立体匹配之前，两幅图像处于经过立体校正之后的行对准状态，如图 6-23 所示，对左侧图依次扫描，选定一点：

1）设定 SAD 窗口的大小、左侧图中开始匹配的位置（p, q）以及右侧图中 SAD 窗口移动的范围 D。

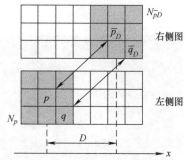

图 6-23　SAD 匹配示意图

2）在左侧图中，确定待匹配像素点的位置（x, y），并以此位置作为 SAD 窗口的锚点，用 SAD 窗口覆盖左侧图中以（x, y）为锚点的区域 Region$_l$。

3）在右侧图中，选取匹配的开始点，位置为（m, n），并以该点作为 SAD 窗口的锚点，用 SAD 窗口去覆盖，在右侧图中形成以（m, n）为锚点的图像区域 Region$_r$。

4）定义 Differernce = Region$_r$ – Region$_l$。计算 Difference 中的和。

5）在右侧图像中沿行方向移动 SAD（移动次数为匹配的范围大小），重复步骤 3）、4），并将每次得到的 Difference 记录在 Mat 矩阵中。

6）找到 Mat 矩阵中 Difference 的最小值，则其所在位置就是右侧图和左侧图的视差。

由于平面镜的成像特点，单幅图像中所成的两个像不一致，而是关于镜面对称，因此在进行匹配时，镜面中的图像从右向左搜索，所获取的真实图像从左向右搜索。

6.3.3 基于区域的 SAD 立体匹配实验

对实验光轴和镜面平行的情况下获取的图像进行立体匹配。分别在阈值为 10、20、30 以及窗口 $D = 2$、4、6、8 的情况下得到匹配效果，实验结果如图 6-24 和图 6-25 所示。

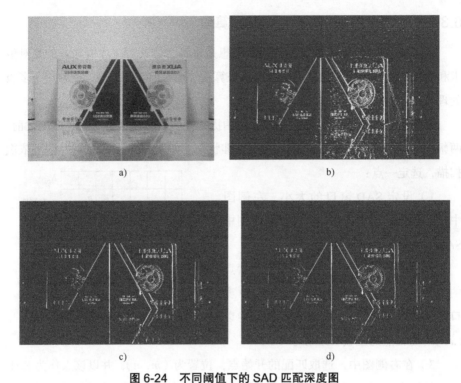

图 6-24   不同阈值下的 SAD 匹配深度图

a）获得的照片   b）阈值为 10 时的深度图
c）阈值为 20 时的深度图   d）阈值为 30 时的深度图

可以看出，阈值较小时深度图中细节清晰，但噪声污染也较为严重，随着阈值的增大，所获取的深度图中图像噪声去除效果较好，但部分细节丢失。

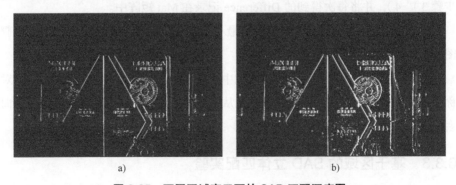

图 6-25   不同区域窗口下的 SAD 匹配深度图

a）区域窗口 $D = 2$ 时的深度图   b）区域窗口 $D = 4$ 时的深度图

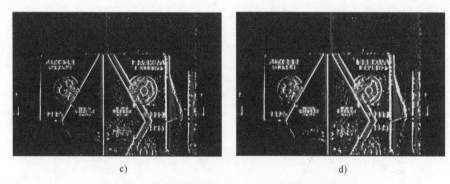

c)　　　　　　　　　　　　　　　　d)

图 6-25　不同区域窗口下的 SAD 匹配深度图（续）

c）区域窗口 $D = 6$ 时的深度图　　d）区域窗口 $D = 8$ 时的深度图

由图 6-25 可以看出，随着区域窗口的增大，所获取的深度图中图像边缘较为粗糙，定位不准确，误差逐渐增大。由图 6-26 可以看出，随着区域窗口及阈值的增大，匹配耗时在逐渐减少。

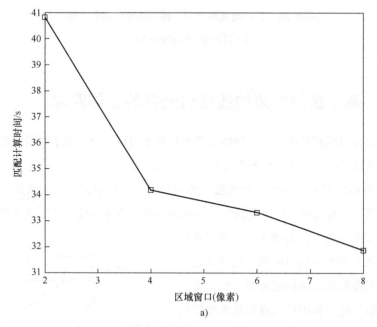

a）

图 6-26　匹配时间随窗口、阈值的变化关系

a）时间随窗口的变化关系

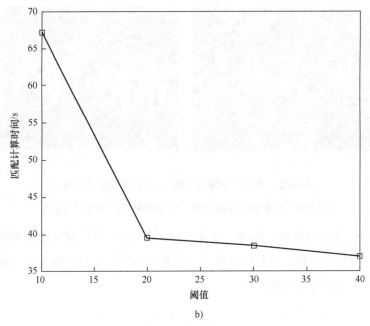

b)

图 6-26 匹配时间随窗口、阈值的变化关系（续）

b）时间随阈值的变化关系

6.4 基于极线约束的线结构光条的立体匹配

在立体视觉测量中，有些物体本身的特征不明显，为了便于开展该类物体的测量，可以通过采用线结构光构造特征的方法来进行。

如图 6-27 所示，将线结构光投射器发出的光条投射到物体的表面，在物体表面形成一条亮光带。由于受到物体表面的调制，该光条反映了物体表面的形状特征和深度信息。利用摄像机立体视觉系统拍摄该光条得到相应的像，对图像进行立体匹配获得相应的特征点对，根据立体视觉测量理论计算出特征点的位置坐标信息，从而实现对三维物体的测量。本节主要探讨采用单目立体视觉的方法进行线结构光条的立体匹配。

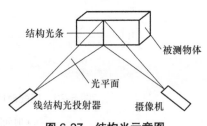

图 6-27 结构光示意图

6.4.1　线结构光条的提取

在图像的采集即原始图像数据的获取过程中，不可避免地会受到周围环境以及噪声干扰等因素的影响，通常需要先对相应的目标物体提取后才能进行后续的处理。线结构光条提取最常用的方法是差分法。差分法包括两种。一种是背景差分法。背景差分法通过将图像中相邻的两幅图像做减法去除背景来获取目标物体，由于背景基本上不会发生变化，变化的只是运动目标，因此两个场景图像对应相减就可以去除背景而只保留运动目标的像，这种方法能从复杂的背景中较准确地识别和提取运动目标，能够提供较为完整的特征数据从而提取出运动物体，是目前运动分割中最常用的方法，这种方法也叫作背景相减法。但该方法对光照强度和周围环境条件造成的动态场景变化过于敏感，在非受控情况下需要加入背景图像更新机制，且不适用于摄像头运动或背景灰度变化较大的场合。

第二种是帧间差分法。帧间差分法利用图像序列中相邻帧图像之间相减求差来提取出图像中的运动区域。首先将数帧图像变换至同一坐标系中，然后将背景相同、时刻相邻的两幅图像进行差分运算，灰度不发生变化的背景区域将被减掉，由于运动物体在相邻两幅图像中的位置不同，且与背景灰度有所差异，两幅图像相减后将使运动物体保留下来，从而大致确定出运动目标在图像中的位置。

帧间差分法适用于背景相同而目标物体变化的场合，如果背景和目标都发生变化，则该方法将无法有效地提取线结构光条，为此本节提出了基于 RGB 色彩通道的线结构光条提取方法。

（1）RGB 色彩原理　RGB 色彩模式是工业界的一种颜色标准，RGB 三个字母分别代表红色（R）、绿色（G）和蓝色（B）三个色彩通道的颜色。改变三个色彩通道的数值以及将不同色彩进行叠加可以得到现实生活中的各种颜色，目前人类视觉所能感知的颜色几乎都可以生成，这种方式是运用最广泛的颜色标准之一。

色彩所具有的色相、明度、纯度称为色彩的三属性。它们是界定色彩感官识别的基础。其中，色相是指当光的波长发生变化时，其呈现的色彩将具有红、黄、绿等性质，这种色彩所呈现出来的相貌称为色相。由色相的定义知，黑色和白色是无色相的。在色彩的三种属性中，色相主要用来区分不同的颜色。色彩的明度是指色彩的明暗程度。不同物体的表面吸收和反射光线的程度不同，所得到的色彩明暗程度就会有所差别。根据孟塞尔颜色系统，黑色的明度最低为0，白色的明度最高为10，其他色彩的明度介于两者之间。色彩的纯度是指色彩的饱和程度，它主要体现在有彩颜色里。入射光波的波长越单一，色彩的纯度越高，反之则纯度越低。色彩纯度和饱和程度成正比，随着饱和度的增加而逐步增加。

红、绿、蓝三种颜色叠加时，遵循加法混合原理，即三种色彩叠加后的亮度等于叠加前各种颜色亮度之和，越混合亮度越高。图6-28显示了红、绿、蓝三种颜色的叠加情况，中心最亮的区域为白色，是由三种颜色叠加得到的。

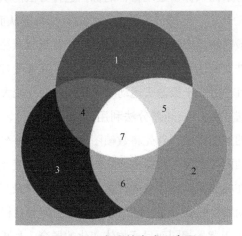

图 6-28　色彩的合成示意图

1—红色　2—绿色　3—蓝色　4—品红色　5—黄色　6—青色　7—白色

红、绿、蓝三种颜色通道的亮度各分为255阶，在亮度值为0时亮度最弱，而在亮度值为255时最亮。在进行颜色叠加时，如果三种颜色数值相同，则显示为无色彩的灰色，其中当三种颜色的亮度值都为255时为最亮的白色，三种颜色的亮度值都为0时为最暗的黑色。

（2）光条特征的提取　理想的线结构光投射器发出线结构光条，光条的能量以光条的中心为对称轴，呈高斯分布。光条照射到物体表面后，由于被测物体自身各处的材质、表面粗糙度、透光性能以及颜色等不完全一致，导致投射在物体表面的线结构光条的亮度不均匀，在光条的截面上光强并不符合以光条中心为对称轴的正态分布。此外，由于CCD的量化误差及内部各种噪声的影响，获取的光条图像上存在大量的噪声。这些噪声给光条的准确提取带来了较大的困难。

由 RGB 色彩原理知，线结构光投射的光条若要呈现红色，则光条中的红色分量 R 在 RGB 中占的比重较大，即 $(R-B)>>0$ 且 $(R-G)>>0$。若呈现其他颜色，则 $R-B$ 和 $R-G$ 通常小于或等于零。而在结构光照射区，红色分量将远远大于蓝色和绿色分量，因此光条特征的提取可以通过计算图像上每个像素点 $I(i,j)$ 处的红色分量和蓝色、绿色分量的差来实现，即 $(R-B)(i,j)$ 和 $(R-G)(i,j)$；同时有些背景光强度大、呈现白色的区域，其红、蓝、绿三色的分量区别不大，仅仅通过与红色分量的差值来进行限制效果不大，因此提出将红色分量和蓝、绿分量的和进行比较的方法。

对于给定的阈值 δ，如果满足

$$\begin{cases} R(i,j)-G(i,j)>\delta \\ R(i,j)-G(i,j)>\delta \\ R(i,j)>\varepsilon[G(i,j)+B(i,j)] \end{cases}$$（6-24）

根据经验，δ 一般取 50，ε 取 0.8。如满足上述条件，则该像素点被认为其在结构光条上，对于相应的灰度图来说，$\mathrm{Gray}(i,j)=0$，其余的像素点 $\mathrm{Gray}(i,j)=255$。由此把结构光条和背景图像区分开，并转换为二值图。如图 6-29 和图 6-30 所示，尽管背景环境很复杂，背景光线也很强，该方法依然能够将红色结构光很好地提取出来。

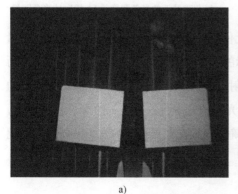 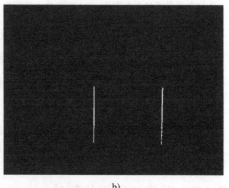

a)   b)

图 6-29　线结构光条和提取结果

a）获取的光条图像　b）提取的光条图像

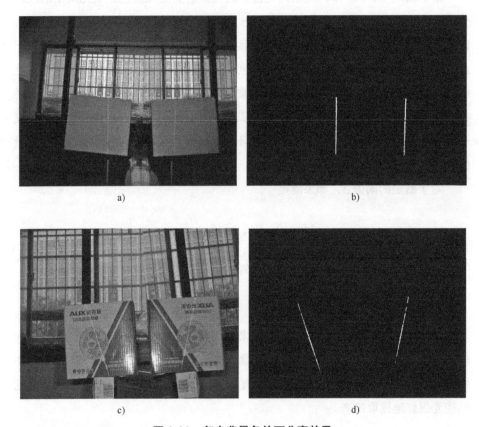

图 6-30   复杂背景条件下分离效果

a）复杂背景下的光条图像   b）提取的光条图像   c）复杂背景下的光条图像   d）提取的光条图像

由于线结构投射器的制造、光学元件误差等原因，在曲线特征提取、向量化、图像识别等图像处理过程中，实际的线结构光并不是一条很细的光线，而是具有一定的线宽，这样的线结构光投射到物体表面后，形成的光条将有一定的宽度。如果投射设备距离物体900mm，光条的宽度大致在 5 ~ 10 个像素范围内，这样的特征宽度无法保证测量结果的准确性，因此对提取出的光条需要进行细化处理。

6.4.2   图像特征细化算法

图像细化（Image Thinning）一般指二值图像骨架化（Image Skeletonization）的一种操作运算。一个图像的骨架由一些线条（比较理想的是单像素宽度），骨架可以提供一个图像目标的尺寸和形状信息，因而在数字图像分析中具有重要的地位，图像细化（骨架化）是进行图像识别、线条类图像目标分析的重要手段。

（1）Hilditch 细化算法　传统细化算法有很多，有串行算法和并行算法，常用的有 Hilditch 细化、Deutch 细化和 Rosenfeld 细化等。Hilditch 细化算法为串行处理方式，最终得到的是 8 条近邻连接线条（即细化薄线的每个像素都被认为和其周围的 8 个近邻的薄线像素连接）。Deutch 细化算法的处理方式为并行处理方式，所得到的线图形形态是不完全的 8- 连线，可以看作是 8- 连接图形。Resonfeld 8- 连接化这种细化算法的处理方式是并行处理方式，最终得到图形是8- 连接图形。

假设像素 p 的 3×3 邻域结构如图 6-31 所示。

Hilditch 细化算法的步骤为：对图像从左向右、从上向下迭代每个像素，此为一个迭代周期。在每个迭代周期中，对于每一个像素 p，如果它同时满足 6 个条件，则标记它。在当前迭代周期结束时，把所有标记的像素的值设为背景值。如果某次迭代周期中不存在标记点（即满足 6 个条件

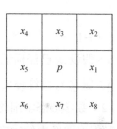

图 6-31　像素 p 的 3×3 邻域

的像素），则算法结束。假设背景值为 0，前景值为 1，则 6 个条件为：

1）$p = 1$，即 p 不是背景。

2）x_1，x_3，x_5，x_7 不全为 1（否则把 p 标记删除，图像空心）。

3）$x_1 \sim x_8$ 中，至少有 2 个为 1（若只有 1 个为 1，则是线段的端点。若没有一个为 1，则为孤立点）。

4）p 的 8 连通联结数为 1。联结数指在像素 p 的 3×3 邻域中，和 p 连接的图形分量的个数。

图 6-32 中，图 6-32a 的 4 连通联结数是 2，8 连通联结数是 1；而图 6-32b 的 4 联通联结数和 8 联通联结数都是 2。

4 连通联结数的计算公式为

$$N_c^4(p) = \sum_{i=1}^{4} (x_{2i-1} - x_{2i-1} x_{2i} x_{2i+1}) \tag{6-25}$$

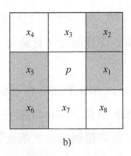

a)　　　　　　　　　　　　b)

图 6-32　像素 p 的邻域连通联结数

8 连通联结数的计算公式为

$$N_c^8(p) = \sum_{i=1}^{4}(\bar{x}_{2i-1} - \bar{x}_{2i-1}\bar{x}_{2i}\bar{x}_{2i+1}) \tag{6-26}$$

其中，$\bar{x} = 1 - x$。

5）假设 x_3 已经标记删除，那么当 $x_3 = 0$ 时，p 的 8 连通联结数为 1。

6）假设 x_5 已经标记删除，那么当 $x_5 = 0$ 时，p 的 8 连通联结数为 1。

（2）数学形态学细化　数学形态学的主要思想是用具有一定形态的结构元素度量和提取图像中的对应特征，以达到对图像分析和识别的目的。结构元素是数学形态学中一个最重要、最基本的概念。它在考察分析图像时设计一种收集图像信息的探针，观察者在图像中不断移动探针便可以考察图像中各个部分之间的关系，从而提取有用的特征。因此结构元素的选取直接影响形态运算的效果，应根据具体的图像特征来确定。通常结构元素的选取需要考虑两个原则：一是结构元素必须在几何上比原图像简单且有界；二是结构元素的形态最好具有某种凸性，如圆形、十字形和方形。

数学形态学中常用的基本变换有平移、反射、膨胀、腐蚀、开运算、闭运算、薄化、厚化和击中等，它们是产生其他形态变换的基础。为了讨论数学形态学的基本变换，首先有必要做出几个假设条件：

1）处理的对象是数字图像，图像的各点为象元，其坐标是整数，记作 (I, J)。

2）讨论的图像是二值的，即每个象元的取值范围为"0"和"1"；

3）A 为待处理的原图像（其离散二值化结果也称作目标点集），B 为结构元素。

根据以上条件，可对数学形态基本变换的定义和方法进行描述。

1）平移和反射。

平移：$Y = A_b = \{a+b \,|\, a \in A\}$，即取 A 中的每一个点 a，将它和一个点 b 相加，便得到一个新点 $a+b$，所得的所有新点构成的图像便是 A 被 b 平移的结果，记作 $A+b$。

反射：$Y = \check{A} = \{-a \,|\, a \in A\}$，即 A 中每一个点的坐标取相反数后的图像。

2）膨胀和腐蚀。

结构元素 B 对目标点集 A 的膨胀记为 $A \oplus B$，定义为 $Y = A \oplus B = \{y \,|\, y = a + b, a \in A, b \in B\} = \bigcup_{b \in B} A_b$，即图像 A 用 B 中每一点平移后并重合起来形成的新图像。

结构元素 B 对目标点集 A 的腐蚀记为 $A \ominus B$，定义为 $Y = A \ominus B = \{y \,|\, y + b \in A, b \in B\} = \{y \,|\, y = a - b, b \in B, a \in A\}$。此式表明，若 y 是 $A \ominus B$ 中的点，则对于 B 中的任意点 b_i，在 A 中必存在一点 a_j 与之对应，使得 $y = a_j - b_i$。

3）开运算和闭运算。

结构元素 B 对目标点集 A 的开运算记作 A_B，定义为 $Y = A_B = (A \ominus B) \oplus B$，即它是 A 图像先被 B 腐蚀，再被 B 膨胀的结果。开运算在空间信息获取中可起到使两个空间实体（如道路与桥梁）分开的作用。

结构元素 B 对目标点集 A 的闭运算记作 A^B，定义为 $Y = A^B = (A \oplus B) \ominus B$，即它是先对 A 图像膨胀再腐蚀的结果。闭运算能使断开的线条连接上，因此可以解决由于图纸折叠或脱墨造成的线条不连续问题。

4）击中和击不中变换。

设 A^C 是待处理图像 A 的补集，结构元素 B 由两个不相交的部分 B_1 和 B_2 组成，即 $B = B_1 \cup B_2$，且 $B_1 \cap B_2 = \varnothing$（$\varnothing$ 表示空集）。则击中、击不中变换（记为 $A * B$）定义为 $Y = A * B = (A \ominus B_1) \cap (A^C \ominus B_2) = (A \ominus B_1) - (A \oplus \check{B_2})$。

5）薄化和厚化。

假设条件与击中相同。A 被 B 薄化记作 $A \star B$，定义为 $Y = A \star B = A - (A * B)$；$A$ 被 B 厚化记作 $A \odot B$，定义为 $Y = A \odot B = A \cup (A * B)$。薄化可对粗影像进行细化和线性化处理。

（3）数学形态学细化实验　经过数学形态学细化之后的线结构光条是单像素甚至是亚像素宽的，由于被测物体表面对光线的反射程度不同，可能存在弱反射区等情形，从而导致图像中的线结构光条可能存在不连续的现象，所以对光条进行细化之后还需要进行补断处理。细化后的图像如图 6-33 所示。

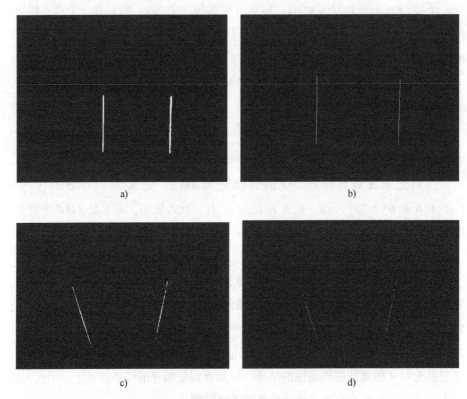

图 6-33　细化前和细化后的光条图像对比

a）、c）细化前的光条图像　b）、d）细化后的光条图像

6.4.3　基于极线约束的光条匹配

对于一幅图像上的每一个像素点，虽然极线约束只是将对应匹配点对压缩在极线上，不能唯一地确定该匹配点，但由于已获取单像素的线结构光条，因此极线将和对应的结构光条唯一地相交于一点，该点就是所要寻求的匹配点。在实验过程中，先对图像进行极线校正，以便在沿极线搜索时只需沿着水平线进行。实验结果如图 6-34 所示，图 6-34a 是在原图上对应点的匹配效果，图 6-34b 是在检测出的线结构光条的二值图像上对应点匹配效果。

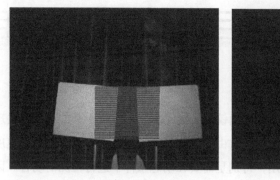

a)　　　　　　　　　　　　　　b)

图 6-34　光条匹配结果

a）原图上对应点的匹配效果　b）二值图像上对应点的匹配效果

　　针对获取的图像中背景、目标都发生变化的情况，传统的差值法无法进行有效的提取结构光条，依据光条若要呈现红色则红色分量R在RGB中比重较大的原理，提出了基于RGB色彩通道的线结构光提取方法。实验表明，该方法在背景很复杂的情况下仍能很好地将目标和背景分离。

第7章　单目立体视觉的应用

前面的章节系统地研究了基于平面镜配合的单目立体视觉测量方法及相关理论。与传统的双摄像机立体视觉相比，由于该测量方法具有同步性好、测量速度快等优势，可以在很多场合应用，特别是需要在动态条件下进行检测的场合。因此在这一章中，介绍采用单目立体视觉进行实际应用的例子。

7.1　空间点的三维重建

在获得物体特征点的匹配点对象坐标之后，根据前文讲述的单目立体视觉测量模型可以求出任意空间点的三维坐标，从而完成空间点的三维测量。

7.1.1　空间点三维重建的线性解

在空间点的三维重建过程中，线性求解法不考虑畸变等因素，尽管求解精度不高，但使求解过程变得非常容易。对于三维空间中一点 P，其在图像坐标系下的像点为 p_1 和 p_2，对应的齐次坐标分别为（$x_w, y_w, z_w, 1$）和（$u_1, v_1, 1$）、（$u_2, v_2, 1$）。设真实摄像机的投影矩阵为 M，其参数已进行相关标定，虚拟摄像机的 M' 可由式（7-1）得到。

$$M'=M\begin{bmatrix} \boldsymbol{\Sigma} & \\ & 1 \end{bmatrix}, \ \boldsymbol{\Sigma}=\begin{bmatrix} -1 & & \\ & 1 & \\ & & 1 \end{bmatrix} \quad (7\text{-}1)$$

M 为三维空间点 P_w 到像平面点 p 的透视投影矩阵，可以表示为

$$M = A[R \,|\, T] = [M_0 \,|\, m_0] \quad (7\text{-}2)$$

$$M = \begin{bmatrix} m_{11} & m_{12} & m_{13} & m_{14} \\ m_{21} & m_{22} & m_{23} & m_{24} \\ m_{31} & m_{32} & m_{33} & m_{34} \end{bmatrix} = \begin{bmatrix} M_1^{\mathrm{T}} & m_{14} \\ M_2^{\mathrm{T}} & m_{24} \\ M_3^{\mathrm{T}} & m_{34} \end{bmatrix} \quad (7\text{-}3)$$

其中

$$A = \begin{bmatrix} \alpha_x & \gamma & u_0 \\ 0 & \alpha_y & v_0 \\ 0 & 0 & 1 \end{bmatrix} = \begin{bmatrix} f/\mathrm{d}x & \gamma & u_0 \\ 0 & f/\mathrm{d}y & v_0 \\ 0 & 0 & 1 \end{bmatrix}$$

$$R = \begin{bmatrix} r_{11} & r_{12} & r_{13} \\ r_{21} & r_{22} & r_{23} \\ r_{31} & r_{32} & r_{33} \end{bmatrix}, \quad T = \begin{bmatrix} t_1 \\ t_2 \\ t_3 \end{bmatrix}$$

根据针孔摄像机模型，可以得到

$$\begin{cases} (u_1 m_{31} - m_{11})X_{\mathrm{w}} + (u_1 m_{32} - m_{12})Y_{\mathrm{w}} + (u_1 m_{33} - m_{13})Z_{\mathrm{w}} = m_{14} - u_1 m_{34} \\ (v_1 m_{31} - m_{21})X_{\mathrm{w}} + (v_1 m_{32} - m_{22})Y_{\mathrm{w}} + (v_1 m_{33} - m_{23})Z_{\mathrm{w}} = m_{24} - v_1 m_{34} \\ (-u_2 m_{31} + m_{11})X_{\mathrm{w}} + (u_2 m_{32} - m_{12})Y_{\mathrm{w}} + (u_2 m_{33} - m_{13})Z_{\mathrm{w}} = m_{14} - u_2 m_{34} \\ (-v_2 m_{31} + m_{21})X_{\mathrm{w}} + (v_2 m_{32} - m_{22})Y_{\mathrm{w}} + (v_2 m_{33} - m_{23})Z_{\mathrm{w}} = m_{24} - v_2 m_{34} \end{cases} \quad (7\text{-}4)$$

写成矩阵的形式如下：

$$\begin{bmatrix} u_1 m_{31} - m_{11} & u_1 m_{32} - m_{12} & u_1 m_{33} - m_{13} \\ v_1 m_{31} - m_{21} & v_1 m_{32} - m_{22} & v_1 m_{33} - m_{23} \\ -u_2 m_{31} + m_{11} & u_2 m_{32} - m_{12} & u_2 m_{33} - m_{13} \\ -v_2 m_{31} + m_{21} & v_2 m_{32} - m_{22} & v_2 m_{33} - m_{23} \end{bmatrix} \begin{bmatrix} X_{\mathrm{w}} \\ Y_{\mathrm{w}} \\ Z_{\mathrm{w}} \end{bmatrix} = \begin{bmatrix} m_{14} - u_1 m_{34} \\ m_{24} - v_1 m_{34} \\ m_{14} - u_2 m_{34} \\ m_{24} - v_2 m_{34} \end{bmatrix} \quad (7\text{-}5)$$

其中，m_{ij} 表示透视投影矩阵 M 的第 i 行、第 j 列的参数。式（7-4）为包含 3 个变量的 4 个线性方程，理论上由于假设两个像点是同一空间点的对应像素点，因此 4 个方程线性相关，实际上只有 3 个独立的方程，因此只需要其中的 3 个方程即可求解。由于实际获取的图像在含有噪声的情况下，式（7-4）无法获得精确解，只能获得近似解，因此需要对该近似解进行优化，以获得三维重建的非线性解。

7.1.2　空间点三维重建的非线性解

与线性求解法的以代数距离最小作为优化目标不同，非线性求解以空间点的重投影图像坐标与原始图像坐标距离最小作为优化目标。对于线性求解方法得到的空间点三维坐标，通过单应性矩阵 M 重新映射到图像平面，其在图像中的像点坐标为 m_{r}' 和 m_{v}'。若该三维点的原始像点坐标分别为 m_{r} 和 m_{v}，则最优化函数为

$$S = \min(\sqrt{\|m_r - m_r'\|^2 + \|m_v - m_v'\|^2})$$ （7-6）

采用 Levenberg-Marquardt 算法对线性求解的初值进行迭代优化，可以获取非线性解。

7.1.3 重建实验

对 6.4.2 节得到的线结构光条进行三维重建，重建的内外参数如式（7-7）所示，获取的结构光图像和细化后的二值图如图 7-1、图 7-2 所示。实验中部分点对的图像像素点坐标见表 7-1、表 7-2，重建结果如图 7-3 所示。

$$A = \begin{bmatrix} 1086.28 & 0 & 512.46 \\ 0 & 1085.77 & 384.11 \\ 0 & 0 & 1 \end{bmatrix} \quad [R|T] = \begin{bmatrix} 1 & 0 & 0 & 15 \\ 0 & 1 & 0 & 0 \\ 0 & 0 & 1 & 0 \end{bmatrix}$$ （7-7）

图 7-1　获取的结构光图像　　　　图 7-2　细化后的结构光二值图像

表 7-1　得到的图像对应像素点的坐标（前 40 对）　　（单位：像素）

真实图像的像素点						镜像图像的像素点					
序号	X坐标	Y坐标	序号	X坐标	Y坐标	序号	X坐标	Y坐标	序号	X坐标	Y坐标
1	420	378	21	420	398	1	740	378	21	739	398
2	420	379	22	420	399	2	740	379	22	739	399
3	420	380	23	420	400	3	740	380	23	739	400
4	420	381	24	420	401	4	740	381	24	739	401
5	420	382	25	420	402	5	739	382	25	739	402
6	420	383	26	420	403	6	739	383	26	739	403
7	420	384	27	420	404	7	739	384	27	739	404
8	420	385	28	420	405	8	739	385	28	739	405
9	420	386	29	420	406	9	739	386	29	739	406

（续）

真实图像的像素点						镜像图像的像素点					
序号	X坐标	Y坐标	序号	X坐标	Y坐标	序号	X坐标	Y坐标	序号	X坐标	Y坐标
10	420	387	30	420	407	10	739	387	30	739	407
11	420	388	31	420	408	11	739	388	31	739	408
12	420	389	32	420	409	12	739	389	32	739	409
13	420	390	33	420	410	13	739	390	33	739	410
14	420	391	34	420	411	14	739	391	34	739	411
15	420	392	35	420	412	15	739	392	35	739	412
16	420	393	36	420	413	16	739	393	36	739	413
17	420	394	37	420	414	17	739	394	37	739	414
18	420	395	38	420	415	18	739	395	38	739	415
19	420	396	39	420	416	19	739	396	39	739	416
20	420	397	40	420	417	20	739	397	40	739	417

表 7-2　得到的图像对应像素点的坐标（中间 40 对）　（单位：像素）

真实图像的像素点						镜像图像的像素点					
序号	X坐标	Y坐标	序号	X坐标	Y坐标	序号	X坐标	Y坐标	序号	X坐标	Y坐标
167	419	544	187	419	564	167	735	544	187	734	564
168	419	545	188	419	565	168	735	545	188	734	565
169	419	546	189	419	566	169	735	546	189	734	566
170	419	547	190	419	567	170	735	547	190	734	567
171	419	548	191	419	568	171	735	548	191	734	568
172	419	549	192	419	569	172	735	549	192	734	569
173	419	550	193	419	570	173	735	550	193	734	570
174	419	551	194	419	571	174	735	551	194	734	571
175	419	552	195	419	572	175	735	552	195	734	572
176	419	553	196	419	573	176	735	553	196	734	573
177	419	554	197	419	574	177	735	554	197	734	574
178	419	555	198	419	575	178	735	555	198	734	575
179	419	556	199	419	576	179	735	556	199	734	576
180	419	557	200	419	577	180	735	557	200	734	577
181	419	558	201	419	578	181	735	558	201	734	578
182	419	559	202	419	579	182	735	559	202	734	579
183	419	560	203	419	580	183	735	560	203	734	580
184	419	561	204	419	581	184	735	561	204	734	581
185	419	562	205	419	582	185	735	562	205	734	582
186	419	563	206	419	583	186	734	563	206	734	583

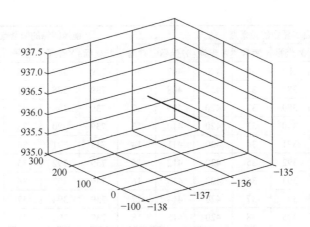

图 7-3　重建后的光条直线

7.2　基于单平面镜的对称结构物体三维重建

对称结构广泛存在于客观世界中，具有多种表现形式，如径向对称、双边对称、球对称等。对称结构给基于机器视觉技术的摄像机标定和物体的 3D 重建提供了先验性的几何约束。Rothwell 等人研究了从具有对称平面的物体（即双边对称）的单个图像中恢复三维形状的问题。Mundy 和 Zisserman 对这个问题做了进一步的阐述，他们提出了一种双边对称的三维恢复理论。然而，有许多物体不是双边对称的，例如人的手或脚、苹果和芒果、花等大多数非人造物体。一些人造物体如艺术雕塑、蛋糕和非刚性物体如袋子、衣服等，也不是双边对称的。很容易看出，平面镜中的任意物体及其图像形成了一个双边结构。如果物体和它的图像在一个单一的视图中都是可见的，则可以将同样的理论应用于双边对称物体的重建。新加坡南洋理工大学的张正友等根据 Rothwell 等人的理论推导了一种三维重建算法，燕山大学的胡春海等也提出了基于镜像几何约束的单摄像机三维重构算法。

7.2.1　理论方法

设 $\boldsymbol{P}_\mathrm{w} = (x\ y\ z)^\mathrm{T}$ 为世界坐标系一点，$\boldsymbol{P}_\mathrm{c} = (u\ v\ w)^\mathrm{T}$ 为 $\boldsymbol{P}_\mathrm{w}$ 在摄像机坐标系下的坐标，$\boldsymbol{p} = (U\ V\ 1)^\mathrm{T}$ 为摄像机坐标系在图像平面对应的图像坐标。摄像机的投影

由以下方程式描述：

$$\lambda p = \begin{bmatrix} f_x & 0 & U_0 \\ 0 & f_y & V_0 \\ 0 & 0 & 1 \end{bmatrix} \begin{bmatrix} u \\ v \\ \omega \end{bmatrix} = F P_{\mathrm{c}}$$ (7-8)

其中，λ 是图像坐标对应的比例因子，f_x 和 f_y 为摄像机的焦距，U_0 和 V_0 为图像平面主点的图像坐标。P_{w} 和 P_{c} 的关系为

$$P_{\mathrm{w}} = R_{\mathrm{cw}} P_{\mathrm{c}} + T_{\mathrm{wc}}$$ (7-9)

式中，R_{cw} 为从摄像机坐标系到世界坐标系的旋转矩阵；T_{wc} 为从世界坐标系到摄像机坐标系的平移向量。

在式（7-9）中，令 $F R_{\mathrm{wc}} = M$，可以得到

$$\lambda \begin{bmatrix} U \\ V \\ 1 \end{bmatrix} = [M \mid -M T_{\mathrm{wc}}] \begin{bmatrix} P_{\mathrm{w}} \\ 1 \end{bmatrix}$$ (7-10)

式（7-10）为摄像机成像投影的标准针孔模型。

在图 7-4 中，对称物体上任意点 P 与其双边对称对应点 P_{m} 之间的关系由以下方程描述，π 表示对称平面。不失一般性，建立三维坐标系 $O' - x'y'z'$，其中 x' 轴和 z' 轴位于对称平面上。

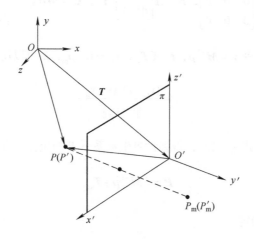

图 7-4 双边对称坐标表示图解

$$P_{\mathrm{m}} = A \begin{bmatrix} \Sigma & 0 \\ 0^{\mathrm{T}} & 1 \end{bmatrix} A^{-1} P \tag{7-11}$$

其中，$A = \begin{bmatrix} R & T \\ 0^{\mathrm{T}} & 1 \end{bmatrix}$，$\Sigma = \begin{bmatrix} -1 & 0 & 0 \\ 0 & 1 & 0 \\ 0 & 0 & 1 \end{bmatrix}$。

R 为从坐标系 O' - $x'y'z'$ 到坐标系 O-xyz 的旋转矩阵，T 为从坐标系 O-xyz 到坐标系 O' - $x'y'z'$ 的平移向量。

对于双边对称物体上任意点 P 及其对称对应点 P_{m}，其图像 p 和 p_{m} 由式（7-12）和式（7-13）确定。

$$\lambda p = [M|-MT_{\mathrm{wc}}]P \tag{7-12}$$

$$\lambda_{\mathrm{m}} p_{\mathrm{m}} = [M|-MT_{\mathrm{wc}}]P_{\mathrm{m}} \tag{7-13}$$

通过联立式（7-11）、式（7-12）与式（7-13）得

$$\lambda M^{-1}p + \Gamma T_{\mathrm{wc}} = \lambda_{\mathrm{m}}B^{-1}M^{-1}p_{\mathrm{m}} = \lambda_{\mathrm{m}}C^{-1}p_{\mathrm{m}} \tag{7-14}$$

其中，$\Gamma = I - \Sigma = \begin{bmatrix} 2 & 0 & 0 \\ 0 & 0 & 0 \\ 0 & 0 & 0 \end{bmatrix}$，$B = A \begin{bmatrix} \Sigma & 0 \\ 0^{\mathrm{T}} & 1 \end{bmatrix} A^{-1}$，$C = MB$。

在式（7-14）中，令 $v = M^{-1}p$，$t = \Gamma T_{\mathrm{wc}}$，$v_{\mathrm{m}} = C^{-1}p_{\mathrm{m}}$，$\lambda$ 可以用最小二乘法求得

$$\lambda = \frac{(v_{\mathrm{m}} \times t) \cdot (v \times v_{\mathrm{m}})}{\|v \times v_{\mathrm{m}}\|^2} \tag{7-15}$$

将式（7-15）代入式（7-12），得到世界坐标系下 P 的坐标，方程如下：

$$P = \lambda M^{-1}p + T_{\mathrm{wc}} \tag{7-16}$$

P_{m} 由式（7-11）确定。

7.2.2　实验

1. 张正友等的实验

对安装在主动头 - 眼平台 NLPR-A 上的两台 Pulnix TM6 CCD 摄像机中的一台拍摄的真实图像进行了一组实验。用 Tsai's 标定法获得摄像机内外参数矩阵，并应用到基于平面镜的三维重建方法中。为了研究重建任意物体的方法的适用性，使用平面镜生成目标物体的图像。因此，物体及其在平面镜中的图像将形成一个双边的对称结构。图 7-5a 显示了平面镜前纸板箱的图像。为了验证该恢复方法，将平面镜内外可见的 6 个顶点作为要从图像重建的特征点。每对对称点相对于镜像的图像坐标是手动确定的。图 7-5b 显示了由 6 个恢复的特征点决定的框的形状。

第二个实验使用了一个更复杂的目标——一个房屋模型。图 7-5c 所示为房屋模型的照片，图 7-5d 所示为从物体的某些相应特征点恢复的部分形状及其在镜子中的图像，这些图像在单一视图中同时可见。

2. 胡春海等的实验

（1）正八边形标记点计算外参数矩阵　坐标原点建立在平面镜所在平面，令对称面为 $Z = 0$，则根据平板标定法可以计算摄像机的外参数矩阵 $K[R|t]$，存在的问题是如何求得单应性矩阵 H。由于需要最大限度地保留平面镜反射面，所以不可能采用棋盘格靶标。这里给出一种具有几何意义的算法，考虑空间某平面内的正八边形，其 4 组对边分别平行，而任一条边的两条邻边正交。将这些对边延长，可以得到正八边形几何拓展图形。

根据射影变换的保线性，这些延长线的投影在图像中仍然相交，得到的交点称为拓展点。若已知正八边形的边长，则可以计算得到这些拓展点的空间坐标。对正八边形进行一级几何拓展可以获得 56 个额外的坐标已知的拓展点。对于得到的内部小的正八边形，可以用相同的方法进行二级拓展，得到更多的拓展点，这些拓展点坐标的求取涉及几何极限问题。利用作图法，能够得到这些拓展点的图像坐标。但是，由于作图法直接利用图像中提取的正八边形顶点，没有消除测量误差的影响，得到的拓展点不能给计算单应提供额外约束。

采用消失点约束可以计算拓展点的图像坐标。对于正八边形任意一组对边，可以通过 8 个顶点得到与该组对边相同方向的 4 条平行线段 s_i，这些线段所在直

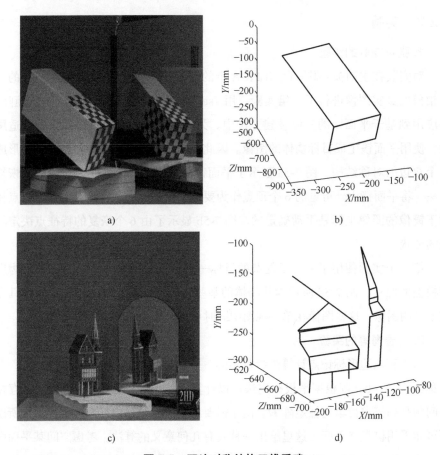

图 7-5　双边对称结构三维重建

a）平面镜前纸板箱图像　b）纸箱恢复重建图　c）房屋模型图像　d）房屋模型恢复重建图

线在像平面内相交于消失点 $\tilde{v}$。同样由于测量误差的原因，图像中的平行线不能唯一地相交于一点。可令消失点 $\tilde{v}$ 的最大似然估计值 $\hat{v}$ 位于每一条直线段 $\hat{s}_i$ 上，集合 $\{\hat{s}_i\}$ 通过最小化集合 $\{s_i\}$ 的 Malhanobis 距离得到。设线段端点处的噪声服从各向同性的零均值高斯分布，线段 s_i 的端点坐标分别为 $\tilde{x}_i^a$ 和 $\tilde{x}_i^b$，最大似然估计算法最小化函数为

$$\zeta = \sum_i d^2 \perp \left(\hat{s}_i, \tilde{x}_i^a\right) + d^2 \perp \left(\hat{s}_i, \tilde{x}_i^b\right) \tag{7-17}$$

并且对于任意的 i，服从 $\hat{v} \cdot \hat{s}_i = 0$ 的约束。式（7-17）中，$d \perp (l, x)$ 表示点 x 到直线 s 的垂直距离。计算矩阵 $[s_1\ s_2\ s_3\ \cdots\ s_n]$ 的零向量，将其作为初始解，最小化过

程利用 Levenberg-Marquart 算法实现。

（2）单目摄像机和带有稀疏标记点的平面镜进行 3D 重构　利用内参数已知的单目摄像机和带有稀疏标记点的平面镜进行 3D 重构的步骤为：

1）调整摄像机与平面镜的空间位置，将平面镜作为标定平面，利用具有几何约束的稀疏标记点计算摄像机外参数矩阵 $[R\ T]$。

2）摄像机矩阵 $P = K[R\ T]$，利用 3.2 节平面镜的镜像对称性，计算得到对称视点位置的虚拟摄像机矩阵 $P' = K[R \cdot \varSigma\ \ \varSigma \cdot T]$。

3）将原图做水平翻转，并将翻转图像的横坐标沿主点做水平镜像可得到立体视图的图像匹配点坐标，再利用三角测量的点重建方法即获得重构的 3D 立体视图。

实验利用单面阵 CCD 摄像机（分辨率为 4000 像素 ×2672 像素）和一块带有正八边形表面标记点的平面镜，对书柜两个正交面的部分表面点进行 3D 重构，这些点通过等方的黑白格进行标记，格子大小为 30mm×30mm，真实的重构场景如图 7-6 所示。

图 7-6　真实的重构场景

由于存在退化的射影失真，造成某一方向的消失点距离视野中成像位置很远，甚至在无穷远处。因此实验选三组正交方向的平行线，计算拓展点图像坐标，如图 7-7 所示。对正八边形进行一次拓展，利用上述方法计算外参数。摄像机内参数利用文献方法计算得到，像素误差 $e = [0.23818, 0.28909]$。计算得到的外参数矩阵为

图 7-7　几何拓展

$$R = \begin{bmatrix} 0.009039 & 0.782218 & 0.622939 \\ 0.996809 & -0.056458 & 0.056430 \\ 0.079311 & 0.620442 & -0.780232 \end{bmatrix}$$　　　　（7-18）

$$T = [-553.574618 \quad -275.95877 \quad 4237.634431]$$　　　　（7-19）

　　这里共提取 775 组匹配特征，其中部分特征构成的自极几何匹配如图 7-8 所示。利用双目立体视觉的点重建方法，得到匹配点的 3D 重构图像，如图 7-9 所示。重构结果对于绝对尺寸的测量误差较大，误差产生的主要原因在于所使用的

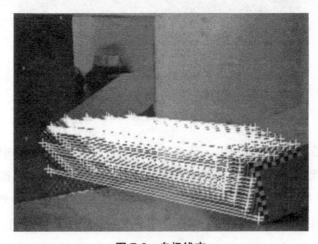

图 7-8　自极线束

平面镜表面不均匀影响镜像反射效果，以及人工粘贴标记引入的误差。在实际的测量中，可以通过选择具有均匀反射特性的平面镜和利用贴片机自动贴片来改善测量结果。实验中摄像机光心与平面镜距离为 $t_3 \approx 4237.6$mm，若使用双摄像机进行同尺度下的 3D 重构，则基线距离约为 8.5m，相比之下本方法具有较高的空间利用率。

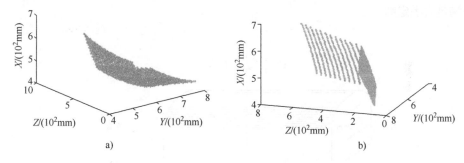

图 7-9　不同视点下的 3D 重构结果

上述内容给出了一种利用平面镜和 CCD 摄像机进行双边对称物体 3D 重构的方法，利用平面镜生成与物体自身对称的物体图像，使物体和图像形成一个双边对称的结构。与传统的双目立体视觉重构方法相比，该系统不仅在硬件上节省了一个摄像机所需的成本，而且在测量模型的设计上也比双摄像机配置更具优势。

由于几何结构的限制，在一个单一的视图中，只能同时看到一个目标的一部分及其在平面镜中对应的图像。这一部分数通常小于目标的 1/2，该方法只能对目标的局部或片段进行重构，可应用于流水线上工件的尺寸检测、仪器设备的形位误差度量以及物体表面缺陷识别与定位等场合。通过变换平面镜的角度或加装多块平面镜，能够实现对目标全景的 3D 重构，用于逆向工程的 3D 可视化分析及事故现场的 3D 场景重现等领域。

7.3　基于单平面镜的车辆姿态检测

7.3.1　车辆姿态概述

车辆运行姿态如图 7-10 所示，是指车辆在运行过程中相对于基准坐标系产生的6个自由度的不确定性，即3个方向的平动（沉浮、横摆、伸缩）和绕3个轴的转动（摇头、点头、侧滚）。基准坐标系是描述车辆姿态的基准，根据国际铁路联盟（UIC）的规定，基准坐标系定义为：基准坐标系处于一个垂直于轨道中心线的平面内，其中 Y 轴为该平面与轨道走行面的交线，X 轴处于轨道走行面内，与左右钢轨等距离且垂直于该交线，Z 轴垂直于轨道走行面，三坐标轴之间满足右手定则。

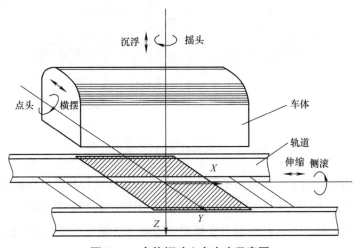

图 7-10　车体振动六自由度示意图

对于车体来说，将基准坐标系平移至车体底部得到车体坐标系，当车体未产生偏移时，两坐标系之间仅仅相差一个 Z 向位移，当车体产生偏移时，两坐标系之间将产生沿三个坐标轴方向的位移和绕三个坐标轴的转动，即车体相对于基准坐标系来说其姿态发生了变化。

列车运行的姿态直接关系着重载货车运行速度的提高和行车安全。随着高速铁路的建设，大量超过 300km/h 的高速动车组投入使用，车辆的运行速度的越来越快，由于车体与轨道间的轮轨振动、风动气流的作用，有可能导致车体偏移量变大，甚至超出安全限界范围，给行车安全、运行速度的提高带来很大的隐患。因此，实时检测列车在运行过程中的运行姿态，判断是否超出限界，并在车身即将发生超限时能够发出报警信息，可以提示列车处于不安全状态，提醒司机紧急制动，防止事故发生，同时为制定超限车会车安全运行技术条件提供第一手资料，为相应路段内列车限速提供有利的科学依据。

列车运行姿态检测能为线路参数检测提供补偿。在进行线路断面几何尺寸、隧道洞体变形、异物入侵、车辆超限等检测时，由于检测设备安装在车体上，因此所获取的线路测量数据包含了车体本身的姿态信息，而车体处于运动状态，每一时刻的姿态都不相同，故需要实时获取车体本身的运行姿态，将得到的检测数据从时刻变化的车体坐标系转换到静止不变的轨面坐标系中，以便去除车体运动带来的误差，更准确地获得线路相关参数。

7.3.2　车辆姿态检测现状

目前，国内外对车辆姿态检测主要有两种方式：一是采用激光测距技术进行检测，二是采用机器视觉的方式进行检测。下面对这两种检测方法分别进行概述。

（1）激光测距技术检测　中国铁道科学研究院集团有限公司铁道建筑研究所的谢锦妹等采用激光二维视觉进行动态限界测量，如图 7-11 所示，通过在轨道旁架设龙门架，在龙门架上布置两个激光扫描传感器，运用激光测距技术可以得到车体的动态三维轮廓。

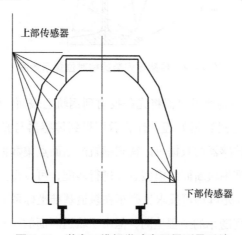

图 7-11　激光二维视觉动态限界测量系统

该方法采用发射和接收设备等角度扫描车体截面，利用光脉冲测试光程差得到不同角度扫描点的距离值，在一个测量周期内得到一定角度范围的车体截面轮廓尺寸，随着车辆的运行还可以得到不同时刻的截面轮廓尺寸，从而实现车体的动态三维轮廓测量，来判断车体是否超限。

　　该列车外部动态轮廓检测方法具有易于实施、数据准确可靠等优点，但该方法只能得到车体的动态三维轮廓，而无法直接给出车辆在运行过程中的姿态角变化情况。另外，该检测设备安装在轨道旁的龙门架上，只能做定点检测，无法随车进行实时在线检测。

　　为克服上述方法的缺点，张玉梅等提出了一种新的车辆姿态检测系统，采用两组检测设备分别测量两条钢轨的断面轮廓数据，每一组由 3 个二维激光扫描传感器进行数据采集，分别位于钢轨的正上方、左上方和右上方，如图 7-12 所示。通过钢轨断面在基准坐标系下的数据信息计算出车体姿态。

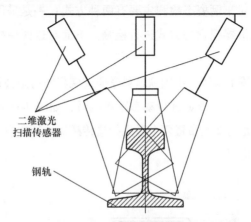

二维激光
扫描传感器

钢轨

图 7-12　传感器安装的相对位置示意图

　　该方法通过线结构光投射器将光条投射到钢轨上表面，CCD 传感器对该光条进行图像采集。经过数据处理、计算后可得到传感器与光条上各点之间的距离。组合同组 3 个传感器的数据可以得到钢轨的断面点集数据，将其转换到基准坐标系下，并与标准钢轨断面的模型点集进行匹配，可以得到两个点集之间的变换矩阵，利用该变换矩阵即可反求出列车在轨道基准坐标系下的姿态。

　　该方法可以实现随车的全程检测，但由于轨道断面的尺寸相对于列车来说很小，获得的数据点集需很精确的配准，微小的误差将导致列车姿态测量不准确，而提高算法的精确度将会增加检测的复杂度并降低检测的效率。

　　（2）机器视觉技术检测　黄健等提出利用双目立体视觉对车辆的运动姿态进行检测。如图 7-13 所示，该方法在列车运行旁边放置两台高速摄像机、大功率线激光瞬时光源、位置传感器、振动补偿装置等。

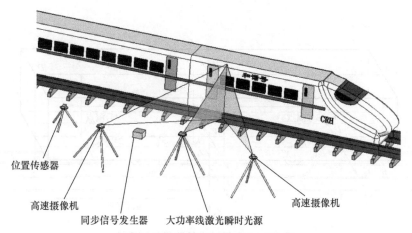

位置传感器

高速摄像机

同步信号发生器　　大功率线激光瞬时光源

高速摄像机

图 7-13　高速列车位姿测量系统

　　当车辆进入测量区域后，传感器触发信号发生器产生 3 路同步信号，分别对摄像机和线结构光源进行控制；线结构光投射到车体表面形成光条特征，两摄像机同步进行图像采集；运用双目立体视觉测量原理获取光条上点集三维数据信息，将该数据与车辆在未发生偏移时的点集数据进行匹配，从而计算出高速列车的偏移量和姿态角。

　　该检测方法精度高、携带方便、安装地点灵活，测量精度能达到 2.5mm。但由于该方法的检测设备放置在地面上，不能随列车同步前进，只能检测列车通过固定点时的运行姿态，而不能实时监控运行姿态。

　　韩伯领等在被测车辆非共线的 4 个点上安装 1000 帧 /s 的高速摄像机，随着车辆的运动，高速摄像机将记录钢轨相对摄像机的运动图像序列，通过立体视觉测量原理，可获取每个点相对于钢轨的横向位移和垂向位移。综合三个测点上横向和垂向的位移变量，可以计算出车辆相对于轨面坐标系的姿态角和位移变化，由 4 套动态偏移量传感器组成车辆运动姿态测量系统。如图 7-14 所示，4 套检测设备同步进行数据采集，传输到计算机后对其进行处理、显示、存储等。

　　该方法的原理是以列车中心与轨道坐标系所在面重合时作为车辆的理想位置，以一侧轨道轨面宽度的中心点作为测量基准点，列车在运行过程中相对于该点的垂向和横向距离即为该时刻的平动量。该方法可以通过单摄像机实现，也可以通过双摄像机实现。

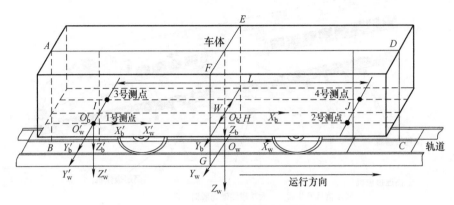

图 7-14　车辆动态偏移量检测系统

　　该方法能实现动态在线检测，所有的检测设备都放置在车辆上，检测精度较高，但是需要 4 套检测设备，需要同步装置控制同步采集测量数据，增加了检测难度，同时把坐标系建立在一侧轨道的中心上，由于不同时刻钢轨磨损的不均匀，从而导致坐标系的定位不准，影响检测精度。

　　上述的几种检测方法虽然能够开展对车辆姿态的自动检测，但都存在着一些缺陷。比如，有的方法在铁路线某一截面位置旁安装检测设备，当列车通过该位置时，可以检测其是否超限，只能获取该截面的车辆运行姿态情况，并不能获取整个车辆的姿态情况；有的方法需要地面辅助设备，不能随车全程检测；有的方法采用车载式，能实时进行检测，但检测精度较低，方案需要进一步优化。

　　由于平面镜配合的单摄像机视觉检测系统本身结构紧凑、体积小，很容易安装在车体上，不需要任何地面辅助设备，因此提出了采用平面镜配合的单摄像机视觉检测系统开展车辆姿态检测。

7.3.3　车体姿态的测量方案

　　（1）刚体假设　车辆在运行过程中的实际情况比较复杂，动载荷的变化会引起车体发生不同程度的扭转、尺寸变化和弹性变形，车体的振动会使检测设备的相对位置发生变化，从而引入检测误差。因此，将车体视为刚体，车体各个表面的尺寸、相对位置确定，安装在车体上的平面镜和摄像机之间的相对位置也是确定的，不因车体运行姿态的变化而发生变化。

（2）检测方案 由空间几何关系知，空间中不共线的三点可以唯一确定一个平面，对于各个面相对位置不变的车体来说，空间中不共线的三点也可以唯一确定车体在空间中的姿态。因此，在车体不共线的三点分别安装一套由一块平面镜配合的单目立体视觉检测系统，每套检测系统旁放置线结构光投射器，将结构光打在钢轨上表面以构造检测的线特征，检测系统对该线特征成像，经图像处理后获取该线特征中点的三维坐标，如果以检测系统作为测量基准，则可以得到钢轨上一点相对于车体的偏移量，综合 3 套检测系统获取的 3 个测点的坐标信息即可得到在任意时刻车体相对轨面和轨道中心线的运行姿态。

（3）测量模型的建立 3 个测点的布置安装如图 7-15 所示，为便于分析计算，1 号测点和 2 号测点沿着轨道纵向布置，1 号测点和 3 号测点沿着轨道截面横向布置。由于在各个测点位置需布置检测系统，因此在各个测点位置分别建立测量坐标 O_{ci}-$X_{ci}Y_{ci}Z_{ci}$，$i = 1, 2, 3$；在车体的几何对称中心建立车体坐标系 O_c-$X_cY_cZ_c$。在轨道平面的中心建立轨面坐标系 O_w-$X_wY_wZ_w$，轨面坐标系是这样定义的：任意时刻轨面坐标系如图 7-15 所示，X_w 轴位于轨道平面内，沿着车辆的运行方向为正方向，Z_w 轴垂直轨面，以向下为正方向，Y_w 轴位于轨道平面内且与 X_w 轴和 Z_w 轴相互垂直，三者之间满足右手坐标系。原点随车辆同步做前进方向的运动。为描述测点在世界坐标系内的位置关系，在每个测点正下方轨顶面的中心处建立 O_g-$X_gY_gZ_g$ 坐标系，该坐标系可由轨面坐标系平移得到。

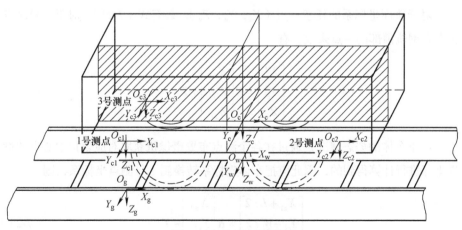

图 7-15 姿态测量模型

设车体没有发生偏移和姿态变化即车体处于理想位置时车体坐标系和轨面坐标系仅差一个数值确定的垂向位移，则车体在任意时刻的运行姿态就是要找到在任意时刻车体坐标系相对于轨面坐标系的平移向量和旋转矩阵。

在车体处于理想位置时，即车体相对于轨面没有发生任何旋转或偏移时，如图 7-15 所示，车体坐标系和轨面坐标系只相差一个 Z 向位移，即

$$\begin{bmatrix} X_c \\ Y_c \\ Z_c \end{bmatrix} = \begin{bmatrix} X_w \\ Y_w \\ Z_w \end{bmatrix} + \begin{bmatrix} 0 \\ 0 \\ d \end{bmatrix} \tag{7-20}$$

其中，d 为理想状态下车体坐标系和轨面坐标系的距离，该值在计算之前可以测量出来，是已知量。

设在某一时刻，车体由于各种环境因素相对轨面发生旋转或平移后，车体坐标系和轨面坐标系的关系为

$$\begin{bmatrix} X_c^t \\ Y_c^t \\ Z_c^t \end{bmatrix} = \boldsymbol{R} \begin{bmatrix} X_w \\ Y_w \\ Z_w \end{bmatrix} + \boldsymbol{T} \tag{7-21}$$

其中，$\boldsymbol{R}$ 是车体坐标系相对于轨面坐标系的旋转矩阵，$\boldsymbol{T}$ 是车体坐标系相对于轨面坐标系的平移向量，是待求的量。

对于轨面坐标系的任意一点 (X_w, Y_w, Z_w)，都有式（7-21）。对于 1 号测点正下方钢轨顶部的一点来说，有

$$\begin{bmatrix} X_c' \\ Y_c' \\ Z_c' \end{bmatrix} = \boldsymbol{R} \begin{bmatrix} X_{w1} \\ Y_{w1} \\ Z_{w1} \end{bmatrix} + \boldsymbol{T} \tag{7-22}$$

由于车体的姿态情况是通过在各个测点布置摄像机获取对应轨顶中心点的世界坐标进行计算得到的，因此应把车体坐标系转换到 1 号测点坐标系，则

$$\begin{bmatrix} X_{c1} + L/2 \\ Y_{c1} - W/2 \\ Z_{c1} \end{bmatrix} = \boldsymbol{R} \begin{bmatrix} X_{w1} \\ Y_{w1} \\ Z_{w1} \end{bmatrix} + \boldsymbol{T} \tag{7-23}$$

其中，L 为前后两测点间的长度 W 为左右两测点间的宽度，均为已知量。式（7-23）可以写为

$$
\begin{bmatrix} X_{c1} \\ Y_{c1} \\ Z_{c1} \end{bmatrix} = \boldsymbol{R} \begin{bmatrix} X_{w1} \\ Y_{w1} \\ Z_{w1} \end{bmatrix} + \boldsymbol{T} - \begin{bmatrix} L/2 \\ -W/2 \\ 0 \end{bmatrix} \tag{7-24}
$$

对于 2、3 号测点同样有

$$
\begin{bmatrix} X_{c2} \\ Y_{c2} \\ Z_{c2} \end{bmatrix} = \boldsymbol{R} \begin{bmatrix} X_{w2} \\ Y_{w2} \\ Z_{w2} \end{bmatrix} + \boldsymbol{T} - \begin{bmatrix} 0 \\ -W/2 \\ 0 \end{bmatrix} \tag{7-25}
$$

$$
\begin{bmatrix} X_{c3} \\ Y_{c3} \\ Z_{c3} \end{bmatrix} = \boldsymbol{R} \begin{bmatrix} X_{w3} \\ Y_{w3} \\ Z_{w3} \end{bmatrix} + \boldsymbol{T} - \begin{bmatrix} L/2 \\ W/2 \\ 0 \end{bmatrix} \tag{7-26}
$$

式（7-25）减式（7-24）得

$$
\begin{bmatrix} X_{c2} - X_{c1} \\ Y_{c2} - Y_{c1} \\ Z_{c2} - Z_{c1} \end{bmatrix} = \boldsymbol{R} \begin{bmatrix} X_{w2} - X_{w1} \\ Y_{w2} - Y_{w1} \\ Z_{w2} - Z_{w1} \end{bmatrix} + \begin{bmatrix} L/2 \\ 0 \\ 0 \end{bmatrix} = \boldsymbol{R} \begin{bmatrix} L \\ 0 \\ 0 \end{bmatrix} + \begin{bmatrix} L/2 \\ 0 \\ 0 \end{bmatrix} \tag{7-27}
$$

式（7-26）减式（7-24）得

$$
\begin{bmatrix} X_{c3} - X_{c1} \\ Y_{c3} - Y_{c1} \\ Z_{c3} - Z_{c1} \end{bmatrix} = \boldsymbol{R} \begin{bmatrix} X_{w3} - X_{w1} \\ Y_{w3} - Y_{w1} \\ Z_{w3} - Z_{w1} \end{bmatrix} + \begin{bmatrix} 0 \\ W \\ 0 \end{bmatrix} = \boldsymbol{R} \begin{bmatrix} 0 \\ W \\ 0 \end{bmatrix} + \begin{bmatrix} 0 \\ W \\ 0 \end{bmatrix} \tag{7-28}
$$

其中

$$
\boldsymbol{R} = \begin{bmatrix} \cos\gamma\cos\beta & \cos\gamma\sin\beta\sin\alpha - \sin\gamma & \cos\gamma\sin\beta\cos\alpha - \sin\gamma\sin\alpha \\ \sin\gamma\cos\beta & \sin\gamma\sin\beta\sin\alpha + \cos\gamma\cos\alpha & \sin\gamma\sin\beta\cos\alpha + \cos\gamma\sin\alpha \\ -\sin\beta & \cos\beta\sin\alpha & \cos\beta\cos\alpha \end{bmatrix} \tag{7-29}
$$

三个角度的定义为：绕 x 轴旋转 α，α 称为侧滚角；绕 y 轴旋转 β，β 称为俯仰角；绕 z 轴旋转 γ 角，γ 称为摇头角。从坐标系原点沿各轴正方向观察时，逆时针旋转得到的角度为正，顺时针得到的角度为负。

$$\begin{cases} Z_{c2} - Z_{c1} = LR_{31} = -L\sin\beta \\ Y_{c2} - Y_{c1} = LR_{21} = L\sin\gamma\cos\beta \\ Z_{c3} - Z_{c1} = WR_{31} = W\cos\beta\sin\alpha \end{cases} \qquad (7\text{-}30)$$

由式（7-30）可得

$$\beta = \arcsin\frac{-(Z_{c2} - Z_{c1})}{L} \qquad (7\text{-}31)$$

$$\alpha = \arcsin\frac{Z_{c3} - Z_{c1}}{W\cos\beta} \qquad (7\text{-}32)$$

$$\gamma = \arcsin\frac{Y_{c2} - Y_{c1}}{L\cos\beta} \qquad (7\text{-}33)$$

$$\boldsymbol{T} = \begin{bmatrix} X_{c1} \\ Y_{c1} \\ Z_{c1} \end{bmatrix} - \boldsymbol{R}\begin{bmatrix} X_{w1} \\ Y_{w1} \\ Z_{w1} \end{bmatrix} + \begin{bmatrix} L/2 \\ -W/2 \\ 0 \end{bmatrix} \qquad (7\text{-}34)$$

以上各式均与各测点的坐标有关，如果已知各个测点的测量坐标，根据式（7-31）～式（7-34）可以求得任意时刻车体相对于轨面坐标系的运行姿态。

（4）单测点测量模型　为获取单测点的测量坐标，建立单测点测量模型。在该测点放置一块平面镜，镜面在 $O_c\text{-}Y_cZ_c$ 平面内，方向与钢轨断面方向一致，摄像机光轴垂直向下放置，由于平面镜的镜像作用，这实际上相当于两台平行放置的立体视觉测量系统。如图 7-16 所示，在平面镜镜面上选取一点建立坐标系 $O_{ci}\text{-}X_{ci}Y_{ci}Z_{ci}$，$i=1$，2，3，作为该测点的测量坐标系；线结构光投射器发出的线结构光条打在钢轨上表面，形成与钢轨宽度一致的线段特征，以该线段的中心建立轨顶坐标系 $O_g\text{-}X_gY_gZ_g$，该坐标系由轨面坐标系 $O_w\text{-}X_wY_wZ_w$ 平移到该点得到。

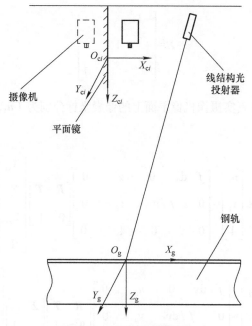

图 7-16 单测点测量模型

设摄像机经过标定，真实摄像机光心坐标系为 O_r-$X_r Y_r Z_r$，虚拟摄像机光心坐标系为 O_v-$X_v Y_v Z_v$。根据前面几章的内容，设真实摄像机相对于测量坐标系的旋转矩阵和平移向量分别为 $\boldsymbol{R}$ 和 $\boldsymbol{T}$，即

$$\begin{bmatrix} X_r \\ Y_r \\ Z_r \\ 1 \end{bmatrix} = \begin{bmatrix} \boldsymbol{R} & \boldsymbol{T} \\ \boldsymbol{0}^T & 1 \end{bmatrix} \begin{bmatrix} X_{ci} \\ Y_{ci} \\ Z_{ci} \\ 1 \end{bmatrix} \qquad (7\text{-}35)$$

虚拟摄像机和真实摄像机关于平面镜对称，故

$$\begin{bmatrix} X_v \\ Y_v \\ Z_v \\ 1 \end{bmatrix} = \begin{bmatrix} \boldsymbol{R} & \boldsymbol{T} \\ \boldsymbol{0}^T & 1 \end{bmatrix} \begin{bmatrix} \boldsymbol{\Sigma} & \\ & 1 \end{bmatrix} \begin{bmatrix} X_{ci} \\ Y_{ci} \\ Z_{ci} \\ 1 \end{bmatrix} \qquad (7\text{-}36)$$

$$\mathbf{\Sigma} = \begin{bmatrix} -1 & & \\ & 1 & \\ & & 1 \end{bmatrix} \tag{7-37}$$

设某一测点在真实摄像机像平面上的像素坐标分别为 (u_1, v_1) 和 (u_2, v_2)，则有

$$\lambda_1 \begin{bmatrix} u_1 \\ v_1 \\ 1 \end{bmatrix} = \begin{bmatrix} f/\mathrm{d}x & 0 & u_0 & 0 \\ 0 & f/\mathrm{d}y & v_0 & 0 \\ 0 & 0 & 1 & 0 \end{bmatrix} \begin{bmatrix} \mathbf{R} & \mathbf{T} \\ \mathbf{0}^\mathrm{T} & 1 \end{bmatrix} \begin{bmatrix} X_{ci} \\ Y_{ci} \\ Z_{ci} \\ 1 \end{bmatrix} \tag{7-38}$$

$$\lambda_2 \begin{bmatrix} u_2 \\ v_2 \\ 1 \end{bmatrix} = \begin{bmatrix} f/\mathrm{d}x & 0 & u_0 & 0 \\ 0 & f/\mathrm{d}y & v_0 & 0 \\ 0 & 0 & 1 & 0 \end{bmatrix} \begin{bmatrix} \mathbf{R} & \mathbf{T} \\ \mathbf{0}^\mathrm{T} & 1 \end{bmatrix} \begin{bmatrix} \mathbf{\Sigma} & \\ & 1 \end{bmatrix} \begin{bmatrix} X_{ci} \\ Y_{ci} \\ Z_{ci} \\ 1 \end{bmatrix} \tag{7-39}$$

由式（7-38）和式（7-39）可得出该测点下的坐标 (X_{ci}, Y_{ci}, Z_{ci})，进而求得该测点的偏移量。

（5）单测点的结构设计及器件选型 由于单测点的测量传感器是采用平面镜配合的单摄像机系统，而根据第 2 章的分析知，该测量系统成像范围受到摄像机相对于平面镜的摆放位置、平面镜的尺寸、摄像机的视场角、物体的尺寸等诸多因素影响，因此在进行结构设计以及器件选型时必须以以上的分析为基础，此外还应注意以下几点：

1）尽量使所成的像靠近图像中央。镜头的边缘成像畸变较大，镜头中央部分成像畸变较小，因此应在靠近图像中央的区域成像。由于平面镜长度尺寸的限制，造成图像中央不在有效视场范围内，因此应在平面镜长度尺寸和成像的区域之间做好平衡。

2）应保证被测线结构光条的像及其虚像都在有效视场范围内。由于车辆时刻处于运动状态，车体实际上相对于轨面坐标系在一个范围内进行振动和偏移，故在进行结构设计时除了考虑静态条件外，还应考虑因车体姿态变化造成的影

响，因此应设计好视场角的大小以及线结构光条的位置，以防在车辆运行过程中出现无法有效成像的情况。

根据第1章结构参数尺寸设计的步骤，可得结构参数尺寸，见表7-3。

表7-3　参数尺寸选取范围　　　　　（单位：mm）

光心距轨面的距离	基线距	视场角	平面镜长度	结构光条的位置
600~750	<250	>34°	250~400	10~100

根据结构参数尺寸的大致范围，可以确定多组的结构组合方式，本实验选取的组合方式见表7-4。

表7-4　参数尺寸选取　　　　　（单位：mm）

光心距轨面的距离	基线距	视场角	平面镜长度	结构光条的位置
700	100	46°	300	100

对于固定的视场角，焦距的选择和传感器的尺寸有关，计算式为

$$焦距 = \frac{镜头到物体的距离 \times 传感器尺寸}{物体的高度} \tag{7-40}$$

对于 CCD 传感器，其对角线尺寸与其宽度、高度的关系见表7-5。

表7-5　CCD 传感器尺寸

对角线尺寸 /in	高度 /mm	宽度 /mm
1/4	2.4	3.2
1/3	3.6	4.8
1/2	4.8	6.4
2/3	6.6	8.8
1	9.6	12.8

经过计算选取焦距 $f = 50$mm。在进行摄像机参数分辨率选取时，可以根据精度要求进行选择，由于只是在实验室进行静态模拟实验，故不需要很高的分辨率和像元尺寸，详细的参数见表7-6。

表 7-6　MV-VD078SC 面阵摄像机详细参数

参数	数据
型号	MV-VD078SM/SC
最高分辨率	1600 像素 × 1200 像素
像素尺寸	$4.4\mu m \times 4.4\mu m$
传感器类型	逐行扫描 CCD
传感器光学尺寸	1/2in
帧速率	20fps
信噪比	大于 54dB
输出方式	USB2.0
供电要求	5V（USB 接口或外接电源供电）
曝光时间	1/10000 ～ 30s
工作温度	$-10 \sim 45^{\circ}C$
存放温度	$-20 \sim 60^{\circ}C$
质量、功率	约 265g、2.4W

（6）单测点测量实验　由于实验条件的限制，本实验只在实验室进行模拟实验，以验证方案的正确性和可行性。在单测点实验中，假设车体相对于钢轨只做 3 个方向上的平移，而没有发生任何旋转，同时假设钢轨处于平直路段。

在实验过程中，搭建好一个测点的实验装置，该测点的相关参数、设备之间的相对位置、安装尺寸按照上述确定的范围进行选取。将模拟钢轨安装在坐标测量机上，通过坐标测量机精确控制该测点的上下、左右移动，同时给出其准确偏离量。

在车辆没有偏移的情况下，钢轨顶面中点在 1 号测点坐标系下的坐标为（10，0，700），某一时刻车辆发生偏移后，测得钢轨顶面中点在该时刻的坐标（x_c，y_c，z_c），则该测点的偏移量为

$$\begin{cases} \Delta y = y_c - 0 \\ \Delta z = z_c - 700 \end{cases} \tag{7-41}$$

X 方向的偏移沿着轨道方向，由于该方向偏移量的大小不涉及车辆超限等问题，故无须进行测量。图 7-17 所示为采集到的部分图像，图中央的部分代表钢轨，由于平面镜与钢轨断面垂直，故真实钢轨和虚拟钢轨竖直方向基本一致。通过调整线结构光投射的角度，可以使线结构光在钢轨外侧成的像偏离一定的距离，即和钢轨顶面上的光条不在一条直线上，非常有利于钢轨上光条的提取。在

图像中的钢轨上可以看到两条结构光线，它们分别是同一个钢轨顶部截面线的像，取其中点作为测量点，通过上述的测量方法即可计算出钢轨顶部截面线中点的三维坐标。

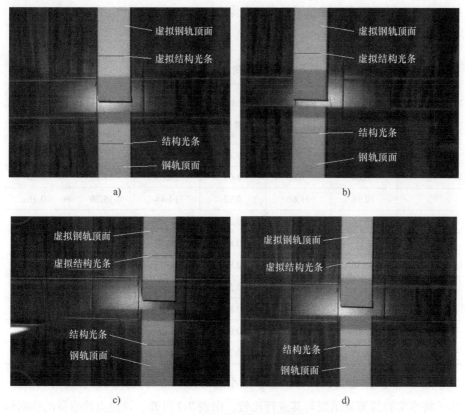

图 7-17 测量传感器采集的图像

a）无偏移时获取的轨道图像 b）向右发生偏移时获取的轨道图像
c）向左发生偏移时获取的轨道图像 d）垂向发生偏移时获取的轨道图像

摄像机的内参数取第 3 章中的标定值，真实摄像机相对于平面镜上的测量坐标系的外参数矩阵为

$$R = \begin{bmatrix} 1 & & \\ & 1 & \\ & & 1 \end{bmatrix}, \quad T = \begin{bmatrix} 10 & 0 & 0 \end{bmatrix}$$

即摄像机平行于镜面且相对于平面镜没有其他方向的旋转，这样得到的虚拟摄像

机和真实摄像机相互平行。

测量系统采集的图像如图 7-17 所示。每幅图像分为上下两个部分，下部分为钢轨的实像，上部分为经过平面镜镜像后的钢轨虚像，同时打在钢轨顶面的线结构光条在平面镜中也形成了对应的虚像。

测量结果见表 7-7。

表 7-7　横向和垂向偏移量测量结果对比　　　（单位：mm）

测量序号	横向偏移量			垂向偏移量		
	本实验测量结果	坐标测量机测量结果	差值	本实验测量结果	坐标测量机测量结果	差值
1	5.20	4.50	0.70	6.33	7.10	0.77
2	−6.64	−6.00	0.64	10.85	11.60	0.75
3	10.98	11.60	0.62	14.44	15.20	0.76
4	−5.36	−5.10	0.26	8.90	8.60	0.30
5	8.12	8.95	0.83	−2.04	−2.50	0.46
6	−6.30	−5.50	0.80	−6.77	−6.10	0.67
7	5.22	5.00	0.22	−3.52	−3.30	0.22
8	−12.66	−11.80	0.86	1.84	1.00	0.84
9	2.02	2.00	0.02	5.17	5.50	0.33
10	14.73	14.00	0.73	9.97	10.30	0.33

通过 10 次测量实验，每次偏移大小通过第三方的坐标测量装置精确给出，然后将本实验的测量结果与其进行比较。由表 7-7 可知，该测点传感器的横向偏移量和垂向偏移量测量结果和第三方测量的结果相差不大，误差都在 1mm 以内，说明了该方法的正确性。

（7）三测点测量实验　为了验证姿态角度检测结果的正确性，进行多测点的模拟测量实验。在实验过程中，为了减小实验的复杂性，设定在每次采集的图像中钢轨只发生一个角度方向上的旋转测量传感器采集的图像如图 7-18 所示。采用坐标测量机测量装置首先获取模拟钢轨的角度倾斜值，然后移动单目立体视觉测量系统，在 3 个测点分别采集图像并计算，将计算的结果与坐标测量机的测量结果进行比对。模拟实验进行 10 次。为了便于计算，模拟钢轨倾斜放置时都按整数取值，如表 7-8 中坐标测量机测量的角度值。

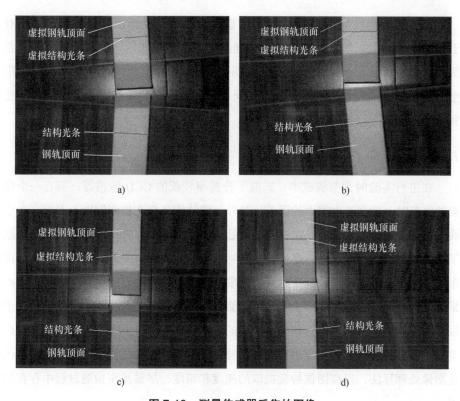

图 7-18 测量传感器采集的图像

a）发生摇头旋转获取的轨道图像1 b）发生摇头旋转获取的轨道图像2
c）发生俯仰旋转获取的轨道图像 d）发生侧滚旋转获取的轨道图像

表 7-8 绕三个坐标轴的旋转角测量结果对比 （单位：°）

测量序号	摇头角			侧滚角			俯仰角		
	本实验测量结果	坐标测量机测量结果	差值	本实验测量结果	坐标测量机测量结果	差值	本实验测量结果	坐标测量机测量结果	差值
1	0.94	1.00	0.06	0.92	1.00	0.08	1.05	1.00	0.05
2	0.91	1.00	0.09	0.91	1.00	0.09	1.89	2.00	0.11
3	1.02	1.00	0.02	1.96	2.00	0.04	0.99	1.00	0.01
4	2.14	2.00	0.14	0.97	1.00	0.03	0.97	1.00	0.03
5	1.87	2.00	0.13	0.90	1.00	0.10	2.22	2.00	0.22
6	1.97	2.00	0.03	1.98	2.00	0.02	1.02	1.00	0.02
7	1.95	2.00	0.05	2.01	2.00	0.01	2.26	2.00	0.26
8	−0.96	−1.00	0.04	0.99	1.00	0.01	−1.06	−1.00	0.06
9	−2.18	−2.00	0.18	2.00	2.00	0.00	1.99	2.00	0.01
10	−2.11	−2.00	0.11	−2.06	−2.00	0.06	−1.94	−2.00	0.06

每个旋转角度都进行 10 次模拟实验，首先采用坐标测量机测出车体相对于钢轨的移动量，然后计算出旋转角度的大小。将计算的结果和所提的多测点测量方法相比较，模拟实验的结果表明，3 个旋转角度的测量结果和分别采用坐标测量机测出的结果接近，姿态角误差不超过 0.3°，表明了该方法的可行性和正确性。

7.3.4　误差分析

在进行实验时为节省成本，选取了分辨率较低的 CCD 传感器，当有一个像素的偏差时，就会产生很大的误差。此外，线结构光打在被测钢轨上表面，由于线结构光存在一定的宽度，在进行图像处理时很难做到对特征的准确提取，加剧了误差的产生。在进行三测点模拟实验时，由于只采用了一套测量设备，在模拟车体相对轨面坐标系发生偏转时，需要事先计算好各个测点的位置，在一个测点采集图像后，再移动测量装置到另一个测点进行图像采集，在移动过程中，由于振动等原因，导致测量装置偏离了测点的位置，从而引入了误差。因此，在今后实验条件许可的情况下，应进行真实实验，选取高分辨率的测量传感器，同时优化图像处理算法，提高图像特征提取的速度和精度，尽量减小检测过程中存在的误差。

参 考 文 献

[1] 马颂德，张正友.计算机视觉：计算理论与算法基础 [M].北京：科学出版社，1998.

[2] 王元庆.新型传感器原理及应用 [M].北京：机械工业出版社，2002.

[3] JAUMANN R, LANGEVIN Y, HAUBER E, et al. The mars net lander panoramic camera [J]. Planetary and Space Science, 2000, 48（12-14）: 1377-1392.

[4] NEISON R N, YOUNG T Y. Determining three-dimensional objects shape and orientation from a single perspective view [J]. Optical Engineering, 1986, 25（3）: 394-401.

[5] HORAUD R. New methods for Matching 3D objects with single perspective views [J]. IEEE Transactions on Pattern Analysis and Machine Intelligence, 1987, PAMI-9（3）: 401-412.

[6] 张广军.视觉测量 [M].北京：科学出版社，2008.

[7] 徐姝姝，王元庆，张兆扬.新的单目立体视觉的视差图的获得方法 [J].计算机应用，2011, 31（2）: 341-343.

[8] 刘昕鑫，王元庆.基于双焦的单目立体成像系统分析 [J].计算机测量与控制，2008, 16（9）: 1316-1318, 1321.

[9] 邴继贵，李艳军，叶声华，等.单摄像机虚拟立体视觉测量技术研究 [J].光学学报，2005, 25（7）: 943-948.

[10] 黄桂平，李广云，王保丰，等.单目视觉测量技术研究 [J].计量学报，2004, 25（4）: 314-317.

[11] 周云龙，王雪亮.单目摄像机成像系统的设计及其研究 [J].东北电力大学学报，2012, 32（1）: 45-48.

[12] NISHIMOTO Y. A feature-based stereo model using small disparities[C]//IEEE International Workshop on Industrial Application of Machine Vision and Machine Intelligence, 1988, 524-531.

[13] TEOH W, ZHANG X D. An inexpensive stereoscopic vision system for robots [C]// IEEE International Conference on Robotics and Automation, 1984, 1 : 186-189.

[14] GOSHTASBY A, GRUVER W A. Design of a single-lens stereo camera system [J]. Pattern Recognition, 1993, 26（6）: 923-937.

[15] GLUCKMAN J, NAYAR S K. Planar catadioptric stereo : geometry and calibration[C]// IEEE Computer Society Conference on Computer Vision and Pattern Recognition, 1999 : 22-28.

[16] LUCKMAN J, NAYAR S K. Rectified catadioptric stereo sensors [J]. IEEE Transactions on Pattern Analysis and Machine Intelligence, 2011, 2（2）: 224-236.

[17] 杨玪, 周富强. 镜像式单摄像机双目视觉传感器的结构设计 [J]. 机械工程学报, 2011, 47（22）: 7-12.

[18] YING X H, PENG K, HOU Y B, et al. Self-calibration of catadioptric camera with two planar mirrors from silhouettes [J] IEEE Transactions on Pattern Analysis and Machine Intelligence, 2013, 35（5）: 1206-1220.

[19] 郑元杰, 杨杰. 基于单摄像头双目成像系统在计算机视觉中的应用研究 [J]. 红外与激光工程, 2004, 33（4）: 392-396.

[20] LEE D H, KWEON I. A novel stereo camera system by a biprism [J]. IEEE Transaction Robotics and Automation, 2000, 16（5）: 528-541.

[21] 崔笑宇, 赵越, 范群安, 等. 单目立体视觉系统的棱镜位置估计 [J]. 东北大学学报（自然科学版）, 2015, 36（6）: 765-768.

[22] 胡劲松, 程鹏, 续伯钦. 昆虫自由飞行参数的双棱镜虚拟双目测量 [J]. 实验力学, 2007, 22（5）: 511-518.

[23] 赵创新, 徐进良, 张永立, 等. 基于单摄像机的昆虫自由飞行参量三维重构 [J]. 光学学报, 2006, 26（1）: 61-66.

[24] 王颖. 昆虫运动参数虚拟四目立体视觉测量研究 [D]. 北京: 北京航空航天大学, 2006.

[25] NENE S A, NAYAR S K. Stereo with mirrors [C]//Six International Conference on Computer Vision, 1998, 1087-1094.

[26] EDUARDO C, SOUZA D, HUNOLD M. Omnidircetional stereo vision with a hyperbolic double lobed mirror[C]//The 17th International Conference on Pattern Recognition, 2004 : 1-4.

[27] LUO C J, SU LC, ZHU F, et al. A versatile method for omnidirectional stereo camera calibration based on BP algorithm [C]//Third International Symposium on Neural Networks, 2006 : 383-389.

[28] 苏连成，朱枫. 一种新的全向立体视觉系统的设计 [J]. 自动化学报，2006，32（1）：67-72.

[29] 罗川江，朱枫，史泽林. 基于单相机的全向深度图获取 [J]. 计算机工程，2008，34（8）：226-231.

[30] NAYAR S K，PERI V. Folded catadioptric cameras[C]//IEEE Computer Society Conference on Computer Vision and Pattern Recognition，1999：217-225.

[31] 汤一平，宗明理，姜军，等. 同向式双目立体全方位视觉传感器的设计 [J]. 传感技术学报，2010，23（6）：791-798.

[32] JANG G，KIM S，KWEON I. Single camera catadioptric stereo system[C]//The 6th Workshop on Omni-directional Vision，Camera Networks and Non-classical cameras，2005.

[33] 冯晓锋，张红岩，周原. 基于尺度空域相关性的图像边缘检测 [J]. 计算机工程与设计，2007，28（22），5455-5456.

[34] 孙延奎. 小波变换与图像、图形处理技术 [M].2 版. 北京：清华大学出版社，2018.

[35] MALLAT S. 信号处理的小波导引 [M]. 杨力华，戴道清，黄文良，等译. 北京：机械工业出版社，2002.

[36] FENG X F，ZHANG Q，LIAO Y J. Precision parts parallelism error on-line detection based on the CCD imaging system[J]. Applied Mechanics & Materials，2013，273（6）：599-603.

[37] 陈洪波. Hough 变换及改进算法与线段检测 [D]. 桂林：广西师范大学，2004.

[38] 冯晓锋，余金伟. Hough 变换在零件形位误差检测中的应用 [J]. 机械科学与技术，2011，30（6）：957-959，967.

[39] 王爱红，王琼华，李大海，等. 立体显示中立体深度与视差图获取的关系 [J]. 光学精密工程，2009，17（2）：433-438.

[40] 周富强. 双目立体视觉检测的关键技术研究 [D]. 北京：北京航空航天大学，2002.

[41] 梁铨廷. 物理光学 [M].5 版. 北京：电子工业出版社，2018.

[42] 王庆有，尚可可，逯力红. 图像传感器应用技术 [M].3 版. 北京：电子工业出版社，2019.

[43] 刘晨. 应用光学 [M]. 北京：机械工业出版社，2011.

[44] 冯晓锋，潘迪夫. 基于平面镜成像的单摄像机立体视觉传感器研究 [J]. 光学学报，

2014, 34（9）：183-188.

[45] FENG X F, PAN D F. Research on the application of single camera stereo vision sensor in three-dimensional point measurement [J]. Journal of Modern Optics, 2015, 62（15）：1204-1210.

[46] 孙长库，魏嵬，张效栋，等.CCD 摄像机参数标定实验设计 [J]. 光电子技术与信息，2005，18（2）：43-46.

[47] 米本和也.CCD/CMOS 图像传感器基础与应用 [M]. 陈榕庭，彭美桂，译.北京：科学出版社，2006.

[48] 黄美玲，张伯珩，边川平，等.CCD 和 CMOS 图像传感器性能比较 [J]. 科学技术与工程，2007，7（2）：249-251.

[49] 田金生.微光像传感器技术的最新进展 [J]. 红外技术，2013，35（9）：527-534.

[50] 杨明，白烨，王秋良，等.面阵 CCD 摄像机光学镜头参数及选用 [J]. 光电子技术与信息，2005，18（3）：27-30.

[51] 林家明.面阵 CCD 摄像机光学镜头参数及其相互关系 [J]. 光学技术，2000，26（2）：183-185.

[52] 郁道银，谈恒英.工程光学 [M]. 4 版.北京：机械工业出版社，2016.

[53] 杨雨迎，崔占忠，王玲，等.金属目标表面的反射激光偏振特性 [J]. 科技导报，2013，31（11）：28-32.

[54] ZHANG Z. A flexible new technique for camera calibration [J]. IEEE Transactions on Pattern Analysis and Machine Intelligence, 2000, 22（11）：1330-1334.

[55] 吴福朝.计算机视觉中的数学方法 [M]. 北京：科学出版社，2008.

[56] 邱茂林，马颂德，李毅.计算机视觉中摄像机定标综述 [J]. 自动化学报，2000，26（1）：43-55.

[57] 杨必武，郭晓松.摄像机镜头非线性畸变标定方法综述 [J]. 中国图象图形学报，2005，10（3）：269-274.

[58] 毛剑飞，邹细勇，诸静.改进的平面模板两步法标定摄像机 [J]. 中国图象图形学报，2004，9（7）：846-852.

[59] 张浩鹏，王宗义，吴攀超，等.基于 LCD 和改进棋盘格模板的摄像机标定 [J]. 仪器仪表学报，2012，33（7）：1541-1548.

[60] HARTLEY R. Self-calibration of stationary cameras [J]. International Journal of Com-

puter Vision，1997，22（1）：5-23

[61] MANBANK S J，FAUGERAS O D. A theory of self-calibration of a moving camera[J].
International Journal of computer vision，1992，8（2）：123-151.

[62] 孟晓桥，胡占义.摄像机自标定方法的研究与进展[J].自动化学报，2003，29（1）：
110-124.

[63] CAPRILE B，TORRE V. Using vanishing points for camera calibration [J]. International Journal of Computer Vision，1990，4（2）：127-140.

[64] BEARDSLEY P，MURRAY D. Camera calibration using vanishing points [C]//Proceedings of the British Machine Vision Conference，1992，416-425.

[65] WANG G H，TSUI H T，HU Z Y，et al. Camera calibration and 3D reconstruction from a single view based on scene constraints [J]. Image and Vision Computing，2005，23（3）：311-323.

[66] 郑国威，高满屯，董巧英.基于平面镜的摄像机内参数线性标定方法 [J].计算机工程与应用，2006，42（28）：86-88.

[67] 陈爱华，高诚辉，何炳蔚.基于正交消失点对的摄像机标定方法 [J].仪器仪表学报，2012，33（1）：161-166.

[68] 霍炬，杨卫，杨明.基于消隐点几何特性的摄像机自标定方法 [J].光学学报，2010，30（2）：465-472.

[69] 贺科学，李树涛.基于两垂直相交线段的摄像机快速标定算法 [J].仪器仪表学报，2013，34（8）：1696-1702.

[70] 祝海江，吴福朝，胡占义.基于两条平行线段的摄像机标定 [J].自动化学报，2005，31（6）：853-864.

[71] 吴福朝，王光辉，胡占义.由矩形确定摄像机内参数与位置的线性方法 [J].软件学报，2003，14（3）：703-712.

[72] 卢津，孙惠斌，常智勇.新型正交消隐点的摄像机标定方法 [J].中国激光，2014，41（2）：294-302.

[73] 杨化超，张书毕，刘超.基于灭点理论和平面控制场的相机标定方法研究 [J].中国图象图形学报，2010，15（8）：1168-1174.

[74] STOCKMAN G，SHAPIRO L G. Computer Vision [M]. Upper Saddle River：Prentice Hall，2001.

[75] 蒋中强，胡栋. 一种有效的基于消失点的摄像机自标定方法 [J]. 计算机技术与发展，2014，24（9）：54-58.

[76] HARTLEY R，ZISSERMAN A. Multiple view geometry in computer vision[M]. 2nd ed. London：Cambridge University Press，2003.

[77] 张政武. 极点、极线的计算方法研究 [J]. 机械科学与技术，2009，28（1）：79-82.

[78] FUSIELLO A，TRUCCO E，VERRI A. A compact algorithm for rectification of stereo pairs [J]. Machine Vision and Applications，2000，12（1）：16-22.

[79] LOOP C，ZHANG Z Y. Computing rectifying homographies for stereo vision[C]//IEEE Conference on Computer Vision and Pattern Recognition，1999：125-131.

[80] 曾吉勇，苏显渝. 一种无相机标定的立体图像对校正新方法 [J]. 光学学报，2004，24（5）：628-632.

[81] ISGRO F，TRUCCO E. Projective rectification without epipolar geometry[C]. Fort Collins，IEEE Computer Society Conference on Computer Vision and Pattern Recognition，1999.

[82] 陈华华，杜歆，李宏东，等. 平行多基线立体视觉图像校正 [J]. 浙江大学学报（工学版），2004，38（7）：799-804.

[83] 李秀智，张广军. 三目视觉图像的极线校正方法 [J]. 光电工程，2007，34（10）：50-54.

[84] FUSIELLO A，IRSARA L. Quasi-euclidean uncalibrated epipolar rectification [C]//19th International Conference on Pattern Recognition，2009：1-4.

[85] GANG X，ZHANG Z Y. Epipolar geometry in stereo，motion and object recognition [M]. Boston，Kluwer Academic Publishers，1996.

[86] 李国栋，田国会，王洪君，等. 弱标定立体图像对的欧氏极线校正框架 [J]. 光学精密工程，2014，22（7）：1955-1961.

[87] 朱庆生，胡章平，刘然，等. 立体图像对的极线校正 [J]. 计算机工程与设计，2009，30（17）：4027-4030.

[88] LOWE D G. Distinctive image feature from scale-invariant key points [J]. International Journal of Computer Vision，2004，60（2）：91-110.

[89] 刘佳，傅卫平，王雯，等. 基于改进 SIFT 算法的图像匹配 [J]. 仪器仪表学报，2013，34（5）：1107-1112.

[90] LOWE D G. Object recognition from local scale-invariant features[C]//The 7th International Conference on Computer Vision，1999（9）：1150-1157.

[91] BROWN M，LOWER D. Invariant feathers from interest point groups[C]//The British Machine Vision Conference. 2002，656-665.

[92] 曾峦，王元钦，谭久彬. 改进的 SIFT 特征提取和匹配算法 [J]. 光学精密工程，2011，19（6）：1391-1397.

[93] 刘立，彭复员，赵坤，等. 采用简化 SIFT 算法实现快速图像匹配 [J]. 红外与激光工程，2008，37（1）：181-184.

[94] 唐朝伟，肖健，邵艳清，等. 一种改进的 SIFT 描述子及其性能分析 [J]. 武汉大学学报（信息科学版），2012，37（1）：11-16.

[95] SCHMID C，MOHR R. Local grayvalue invariants for image retrieval [J]. IEEE Transactions，on Pattern Analysis and Machine Intelligence 1997，19（15）：530-535.

[96] AMRI S，BARHOUMI W，ZAGROUBA E. A robust framework for joint background/ foreground segmentation of complex video scenes filmed with freely moving camera [J]. Multimedia Tools and Applications，2010，46（2-3）：175-205.

[97] 周许超，屠大维，陈勇，等. 基于相位相关和差分相乘的动态背景下运动目标检测 [J]. 仪器仪表学报，2010，31（5）：980-983.

[98] 郭奎，熊显名. 复杂背景下蓝色线结构光中心提取方法 [J]. 计算机系统应用，2014，23（6）：111-117.

[99] 魏振忠，曹黎俊，张广军. 结构光光条中心亚像素快速提取方法 [J]. 光电子激光，2009，20（12）：1631-1634.

[100] 王怀群. 二值图象的细化 [J]. 无锡轻工大学学报，2001，20（3）：315-318.

[101] MITSUMOTO H，TAMURA S，OKAZAKI K，et al. 3-D reconstruction using mirror images based on a plane symmetry recovery method[J]. IEEE Transactions on Pattern Analysis and Machine Intelligence，1992，14（9）：941-946.

[102] ZHANG Z Y，TSUI H T. 3D reconstruction from a single view of an object and its image in a plane mirror[C]//14th International Conference on Pattern Recognition，1998，2：1174-1174.

[103] 陈艳. 使用平面镜基于图像的三维建模 [D]. 西安：西安理工大学，2011.

[104] ROTHWELL C A，FORSYTH D A，ZISSERMAN A, et al. Extracting projective struc-

ture from single perspective views of 3D points sets[C]//4th International Conference on Computer Vision，1993.

[105] MUNDY J L，ZISSERMAN A. Repeated structure：image correspondence constraints and 3D structure recovery[J]. Azores，The 2nd Joint European-US Workshop on Applications of Invariance in Computer Vision，1993.

[106] 胡春海，刘斌. 基于镜像几何约束的单摄像机三维重构 [J]. 中国激光,2010,37(10)：2576-2581.

[107] KIM J S，KWEON I S. Camera calibration based on arbitrary parallelograms[J]. Computer Vision and Image Understanding，2009，113（1）：1-10.

[108] ZHANG Z Y. Flexible camera calibration by viewing a plane from unknown orientations[C]//The 7th IEEE International Conference on Computer Vision，1999.

[109] BARTOLI A，LAPRESTÉ J T. Triangulation for points on lines[J]. Image & Vision Computing，2006，26（2）：315-324.

[110] FENG X F. Research progress on detection method of train operation posture[C]//11th International Conference on Intelligent Computation Technology and Automation（ICICTA），2018.